JN212720

成功する
企業アプリ

戦略から開発、運用まで
事業にインパクトを
もたらすポイント

株式会社アイリッジ 編著

クロスメディア・パブリッシング

はじめに

近年、オンラインとオフラインの世界の融合が進み、新たなビジネスチャンスが生まれています。

そんな中、多くのビジネスに欠かせないものとなったのが、スマートフォンのアプリです。アプリは、インターネットの普及とともにその種類を増やしていき、担う役割もどんどん広がってきました。現在はＳＮＳ、ＥＣ、健康管理など、アプリを日常的に活用するのが当たり前となり、単なる便利ツールから、生活に不可欠なサービスを提供する存在へと変わってきています。

ビジネスにおいてももはや無視できぬ影響力を持ち、すでに世界中の企業がオリジナルのアプリを開発し、運用しています。事業の新たな収益の柱となるのを期待して、アプリ開発に多額の予算を投入する企業も珍しくはありません。

ただし、アプリを導入すればそれで成果が約束されるわけではありません。

作ったのはいいけれど、いまひとつ効果が出ない。

なかなかダウンロードしてもらえない。

現場スタッフが思ったほど活用してくれない。

そんな悩みを抱えているIT担当者は多いのではないでしょうか。

自社アプリが費用対効果に見合った成果を上げているか……開発まではこぎつけたもののなかなかうまく機能せず、想定していたビジネスメリットを得られていないケースのほうが多数派かもしれません。

世界中の企業がアプリをリリースし、ユーザーの獲得競争が熾烈を極める「アプリ戦国時代」を勝ち抜き、ビジネスの成果につなげていくには、企画段階から相応の戦略が求められます。

自社アプリを、ユーザーから選ばれ支持される存在へと育てていくにはどうすればいいか。

その一つの解を、本書で示していきます。

私たちアイリッジは、２００８年の設立以来、一貫してアプリ開発のソリューションを提供してきました。現在では、主に小売業、金融事業、鉄道会社などに対し、３００を超えるアプリ開発とマーケティングを実施しています。組織としては２００名ほどの従業員を抱える規模であり、その6割はエンジニアです。

アプリと一口に言っても、アプリを企業が提供する目的は大きく二つあります。ひとつはアプリ自体でマネタイズするパターン。ゲームアプリやコミックアプリ、マッチングアプリなどアプリ自体で収益化を目指すものです。

もうひとつは企業のマーケティングを目的としたアプリです。小売流通アプリの会員証やクーポン、金融機関向けのアプリ上での振り込み手続きなど、アプリ提供元が展開する事業のマーケティングを支援する目的で開発します。アイリッジは長らく後者のアプリ開発を提供してきました。

そのため、アプリを単に開発するだけではなく、アプリをどう事業に貢献させるかという目線で開発しているところがアイリッジの強みです。本書におけるアプリとは、クライアントの事業を支援する目的のアプリであることを前提にしている点を、最初にお伝えしておきます。

アイリッジが大切にしてきたのは、アプリを作って終わりにはせず、お客様のビジネスの成功にコミットすることです。アプリ開発、運用、マーケティングまでを一気通貫で行い、ともにお客様のビジネスのゴールを目指してきました。

成果を重視したアプリ開発を行ってきた中でたどり着いたメソッド——それは「考える→作る→回す」という三つのステップに集約されます。

このステップそれぞれにおいて、ポイントをおさえながらアプリを開発、運用していけば、必ず目標を達成できるというのが私たちの結論です。

本書では、アプリを取り巻く背景や、開発が失敗する理由を明らかにするとともに、いかにしてアプリ開発と運用を成功に導くか、その具体的な手法を企画編、開発編、そして運用編の3ステップに沿って解説します。その中に、アプリ専門の開発会社としてのノウハウを出し惜しみせずに込めたつもりです。

本書により、アプリ開発や運用の悩みが一つでも多く解決され、たくさんのユーザーから愛されるアプリができたなら、それ以上の喜びはありません。

目次

第2章　アプリ開発が失敗に終わる6つの原因

第3章　アプリプロジェクト成功への道　～企画編～

第４章　アプリプロジェクト成功への道　～開発編～

第5章 アプリプロジェクト成功への道 ～運用編～

第6章 従業員、顧客、自社——三方よしを目指すのが、ＤＸ成功の鍵

おわりに 196

【制作スタッフ】
カバー・本文デザイン　佐々木博則（s.s.TREE）
本文ＤＴＰ　吉野章（bird location）
編集協力　仲山洋平・國天俊治

第1章

顧客とのデジタル
コミュニケーションの激変

ポストコロナ時代に入り、求められるCXの形が変わった

ポストコロナ時代に入り、ニューノーマル（新しい日常）となった現在、多くの企業は社会的変革という大波への対応を迫られています。

ビジネスにおいて特に重要なのが、顧客の新たなニーズや行動の変化を捉えることです。人々の多くの活動がデジタル化・オンライン化しているニューノーマルを前提として、いかに顧客を獲得し、獲得した顧客をファンにするかは、あらゆる企業にとって最大の課題の一つでしょう。そしてその鍵を握るのが、デジタル領域を主軸としたCX（Customer Experience：顧客体験）の向上です。

CXとは、あるブランドや企業の製品、サービスなどを通じて顧客が得る経験や印象です。単なる製品やサービスの品質だけでなく、顧客サポート、ウェブサイトやアプリの使いやすさ、購入プロセスの簡便さ、パーソナライズされた体験、ブランドとのコミュニケーション

や関係性など、顧客が企業との接点の中で直接的または間接的に体験するすべての要素を網羅します。良いＣＸを提供できれば、ポジティブな体験を通じ話題性やブランドへの信頼が生まれ、ファン化へとつながっていきます。一方で負のＣＸは、顧客離れを引き起こし、ブランドの評判に悪影響を及ぼしかねません。

ＣＸを向上させるには、顧客の視点に立ってサービスやプロセスを設計し、ニーズや期待に応える必要があります。また、サービス提供後にも顧客のフィードバックを収集・分析し、改善を重ねてＣＸをより良いものへと変えていかねばなりません。

また、ポストコロナ時代において、求められるＣＸの形は大きく変化しています。

その背景には顧客行動の変容があります。

パンデミック期間中、人々はリモートワークやオンラインショッピング、バーチャルイベントなど、デジタル技術に大きく依存するようになりました。

ポストコロナでは、これらのデジタル経験をオフライン体験とシームレスに融合させることが求められています。顧客は様々なチャネルを通して製品やサービスにアクセスするため、それぞれのチャネルの顧客属性に応じたアプローチが必要です。企業はオムニチャネル戦略を強化し、どのチャネルを利用しても一貫したサービスを提供できるよう環境を整えねばなりません。また多くの企業はウェブサイトやアプリを通じて製品やサービスを提供していますが、そのユーザビリティを高め、安全性も確保して、より快適に購入ができるようなＣＸの設計が急務といえます。

そしてＣＸ以外に、企業活動において無視できないもう一つの大きな変化があります。それはＥＸ（Employee Experience：従業員体験）の変化です。

ＥＸが変化した背景には、ＣＸを向上させようという企業の取り組みによって、お客様がデジタルに触れる体験が多くなってきたことがあります。お客様がＳＮＳなどで事前に情報を入手して来店するため、従業員側でもＳＮＳのチェックやＳＮＳによる情報配信が必要になってきたのです。アプリを使ったお客様への情報発信も同様で、きちんとアプリから事前にお客様に発信された情報を〝予習〟したうえで接客する必要が出てきました。

例えば、新製品の情報をお客様に配信した場合、従業員に対しては、その新商品の背景も含めて情報提供することで、接客の際により具体的なイメージを持って商品を紹介することが可能になります。そのために、ＥＸが企業の取り組みとして必要になっているのです。

CXとEXの変化

CXの変化

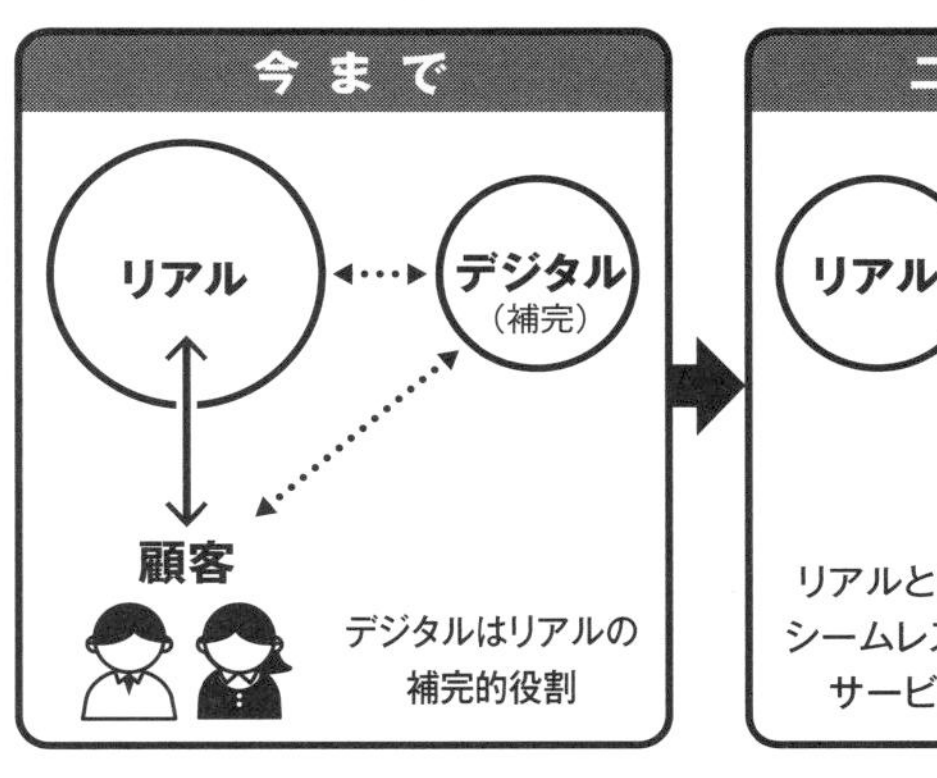

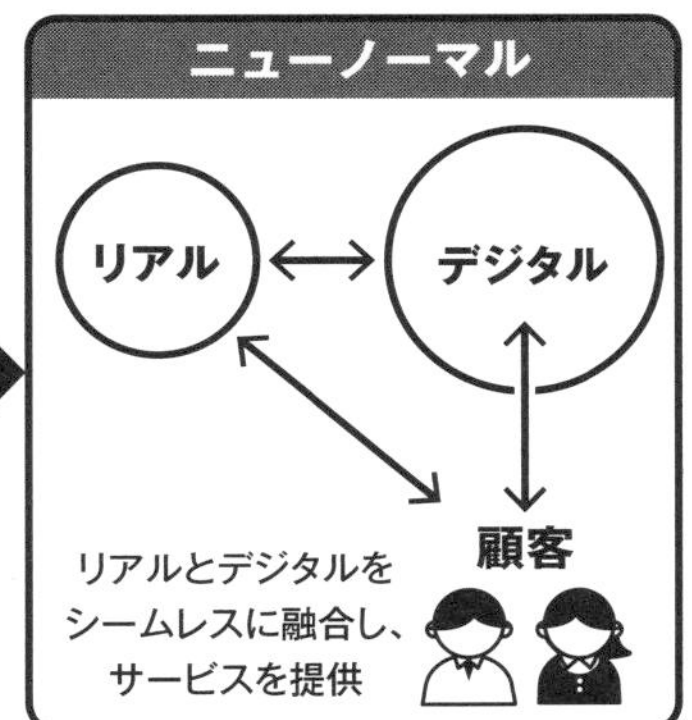

EXの変化

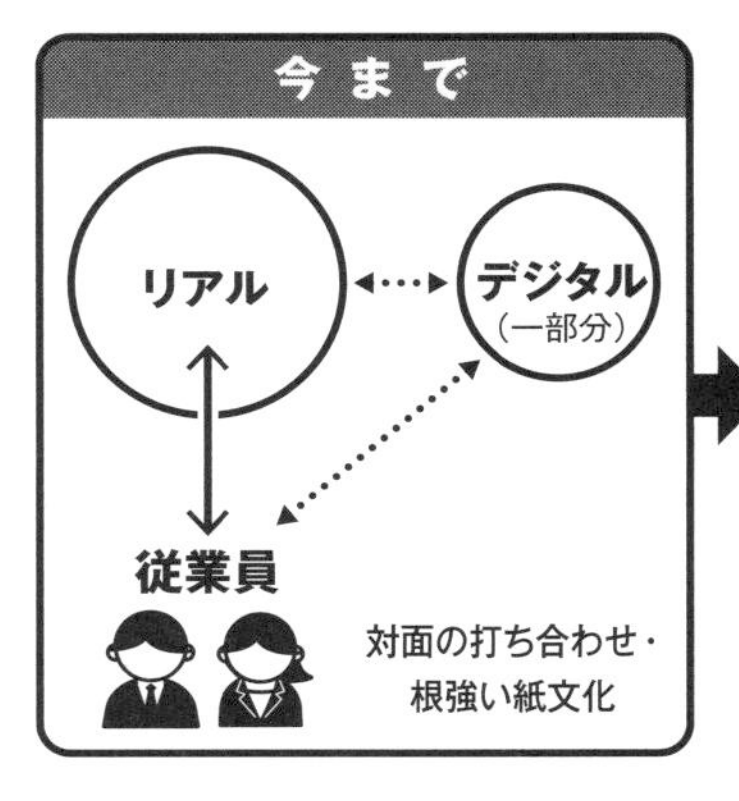

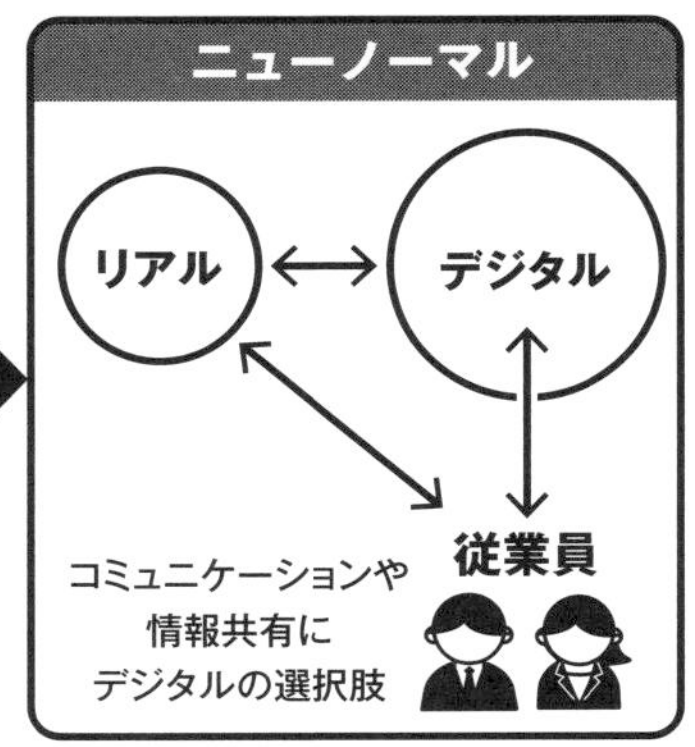

さらに、在宅勤務やリモートワークの普及により、従業員はより柔軟な働き方を選択できるようになった一方で、人と会う機会が減ることによる孤立といった問題も起きています。また、組織とのつながりが薄くなった結果、エンゲージメントが下がったり、チームビルディングが難しくなったりするといった課題もあります。人材育成においても、メンターとなる社員と同席する機会が減り、スキルアップに影響が出る恐れがあります。

そうしたなかで、企業側には従業員がどこからでも効率的に仕事ができる環境の提供に加え、メンタルヘルスへの配慮やウェルネスプログラムの実施、組織の一体感を保つための工夫、デジタルコーチングの導入など、ＥＸに対する新たなアプローチが求められています。

マーケティングの主軸は、ペイドメディアからオウンドメディアへ

ＣＸやＥＸの変化を受け、企業側のビジネス戦略もまた変容しています。

それがよく表れているのが、メディアの活用方法です。
企業が見込み顧客にメッセージを届ける際に利用するメディアは、大きくペイドメディア、オウンドメディア、アーンドメディアの三つに分類され、トリプルメディアと呼ばれます。

ペイドメディア

ネット広告、テレビＣＭ、ラジオ広告、チラシ、新聞・雑誌広告など、お金を支払って出稿する既存媒体です。

オウンドメディア

企業が独自に運用するメディアで、ＥＣサイトなどのウェブサイト、自社メディア、カタログ、パンフレットなどがあります。

アーンドメディア

第三者であるユーザーや消費者が情報を発信するメディアであり、ＳＮＳはその代表です。

三つのメディアの分類

アーンドメディア	オウンドメディア	ペイドメディア
ブログ SNS 取材記事 等	ホームページ ブログ・SNS 案内サイン パンフレット 等	テレビ広告・新聞広告 交通広告・看板広告 インターネット広告 チラシ広告 等
獲得メディア	**所有メディア**	**購入メディア**
見込み顧客の 購入を後押しする	購入可能性の高い 見込み顧客に育てる	潜在顧客をオウンド メディアに誘導する

以前のマーケティングでは、テレビ、ラジオ、新聞といったペイドメディアの活用が基本でした。

しかしながら、薬機法（医薬品、医療機器等の品質、有効性及び安全性の確保等に関する法律）や景品表示法、Cookie規制の強化などを受け、ペイドメディアへの出稿の様相は大きく様変わりしました。

それに相反するように消費者の情報収集や購買行動のデジタル化が進み、ネット検索やソーシャルメディア（SNS）での口コミが重要な役割を果たすようになった昨今において、オウンドメディアをマーケティングの主軸とすることが主流になってきています。

デジタル技術の進化により、企業やブランドが自らのウェブサイトやSNSアカウントなどを運用することで、知ってほしい情報や消費者が知りたいと思える情報を直接届けられるようになりました。

そしてオウンドメディアによって消費者や従業員との関係を築き、企業や商品、ブランドへのエンゲージメントを高めるというのが重要な戦略となっています。

また、広告スペースなどを有料で購入するペイドメディアに頼ればそれだけコストが高くなりますが、オウンドメディアなら維持管理コストが比較的低く抑えられるというメリットもあります。またオウンドメディアを通じて集めた消費者の行動や好みに関するデータを分析、活用してより良いCXの提供を目指すこともできます。後述するユーザーのプライバシー保護の観点からも、オウンドメディアは重要性を増しています。

さらに消費者だけではなく、従業員に対してもオウンドメディアを活用して様々な情報を発信し、サポートを行えるようになりました。

このように、本書の主題であるアプリ開発とは、消費者、従業員、自社の三社をつなぐ新たなオウンドメディアの構築に他ならないのです。

世界中で急激に進む、モバイルシフト

アプリ開発のメインターゲットとなるデバイスが、モバイルデバイスです。

近年は、人々がスマートフォンに触れている時間が長くなり、パソコンをはじめとしたデジタルデバイスを使用する時間全体のうち、スマートフォンの使用時間が8割近くに上るという調査もあります。そしてスマートフォンを使用する際の9割は、アプリの利用にあてられると報告されています。

また、メディア調査会社であるニールセンデジタル株式会社の調査によると、２０１９年12月の時点で、日本のユーザーがスマートフォンを利用するのは一日あたり3時間46分ですが、この時間のうち92%はアプリを利用しているといいます。

さらにコロナ禍を経験し、モバイルシフトは急速に進みました。

多くの人が自宅で時間を過ごす中、アプリのインストール数や利用時間、課金額は増加し

スマートフォン利用時間シェア

■アプリケーション　■ウェブブラウザ

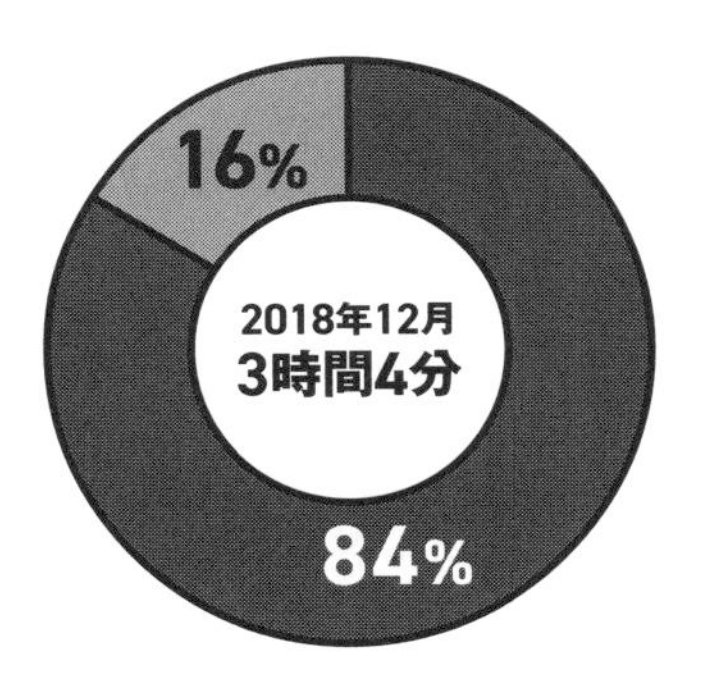

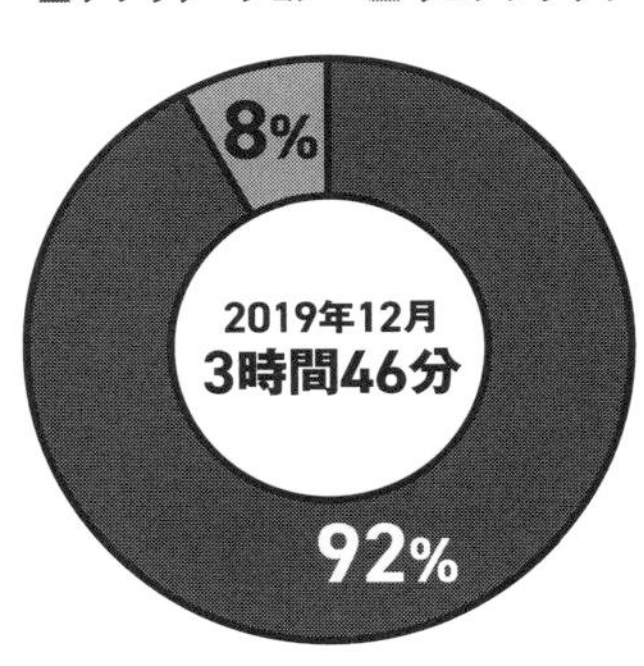

※18歳以上の男女　※アプリケーションおよびブラウザからの利用時間は、カテゴリーベースの利用時間を使用

ニールセン モバイルネットビューの資料を基に作成

ました。2020年に世界のスマートフォンユーザーが新たにアプリをダウンロードした回数は2000億回以上、アプリに対して1400億ドル以上もの課金を行ったというリサーチもあります。

このような背景から、モバイルデバイスをターゲットとしたアプリ開発もまた過熱し、市場規模は広がりを見せています。

世界のモバイルアプリ開発の市場規模は2021年に1100億ドルに達し、さらに2030年には410億ドルまで大きく成長するという予測があります。

これからもモバイルアプリの全盛期は続き、企業もこぞってその波に乗って新たなアプリの開発や運用を続けていくことになるはずです。
なお、開発に関してはトレンドがあり、求められるモバイルアプリは時代ごとに変わっていきます。

例えば近年、爆発的に増えてきたのが、決済にまつわるアプリです。すでにいくつもの有名な決済サービスが存在し、多くの人が自身のスマートフォンにそのアプリをダウンロードしています。そうした決済サービスを自社のECと組み合わせて活用する企業や、自社独自で新たな決済サービスを立ち上げる企業もどんどん出てきており、スタンダードな決済方法の一つとなるところまで成長してきました。

決済アプリが増えてきている背景には、前述したオウンドメディアの流れもあります。お客様の情報をベースにパーソナライズして販促活動を行うオウンドメディアの中で、お客様がどんな商品を購入したかという情報は極めて重要です。そのため、ポイントプログラムや会員証に決済機能を持たせてアプリの中でユーザーが購入したかどうかの情報を収集できるようにしています。大手小売系のアプリであれば、当然のように決済機能がついていて、商品をユーザーに最適化させたリコメンドを送っています。

今後もこれらの流れは止まることなく、新たな決済アプリが続々と出てくると予想されます。

その他、ＩｏＴデバイスと関連してアプリを開発するのもトレンドです。例えばスマートフォンにダウンロードしたアプリによって外部から自宅のエアコンのオン・オフを行うといったように活用されています。

ＩｏＴデバイスとの連携は家庭用だけではなく、小売系のアプリでも使われています。Bluetooth 端末と連動して、店内にいるユーザーに対してプッシュ通知を活用して店内限定の配信を行うといった使われ方もあります。また、スマートミラーのようなデバイスで自分のサイズを測定し、アプリの中で保存することでアパレルメーカーで自分に合ったサイズを探すことが容易になっています。

そして、直近で積極的に導入されている技術の筆頭は、ＡＩ技術です。例えばスマートフォンのカメラを利用して本などの文字列や画像を読み込み、デジタル化したり類似画像を検索するようなアプリは、ＡＩが得意とする領域のひとつである画像認識を活用して実現されています。

AI の画像認識による商品展開例

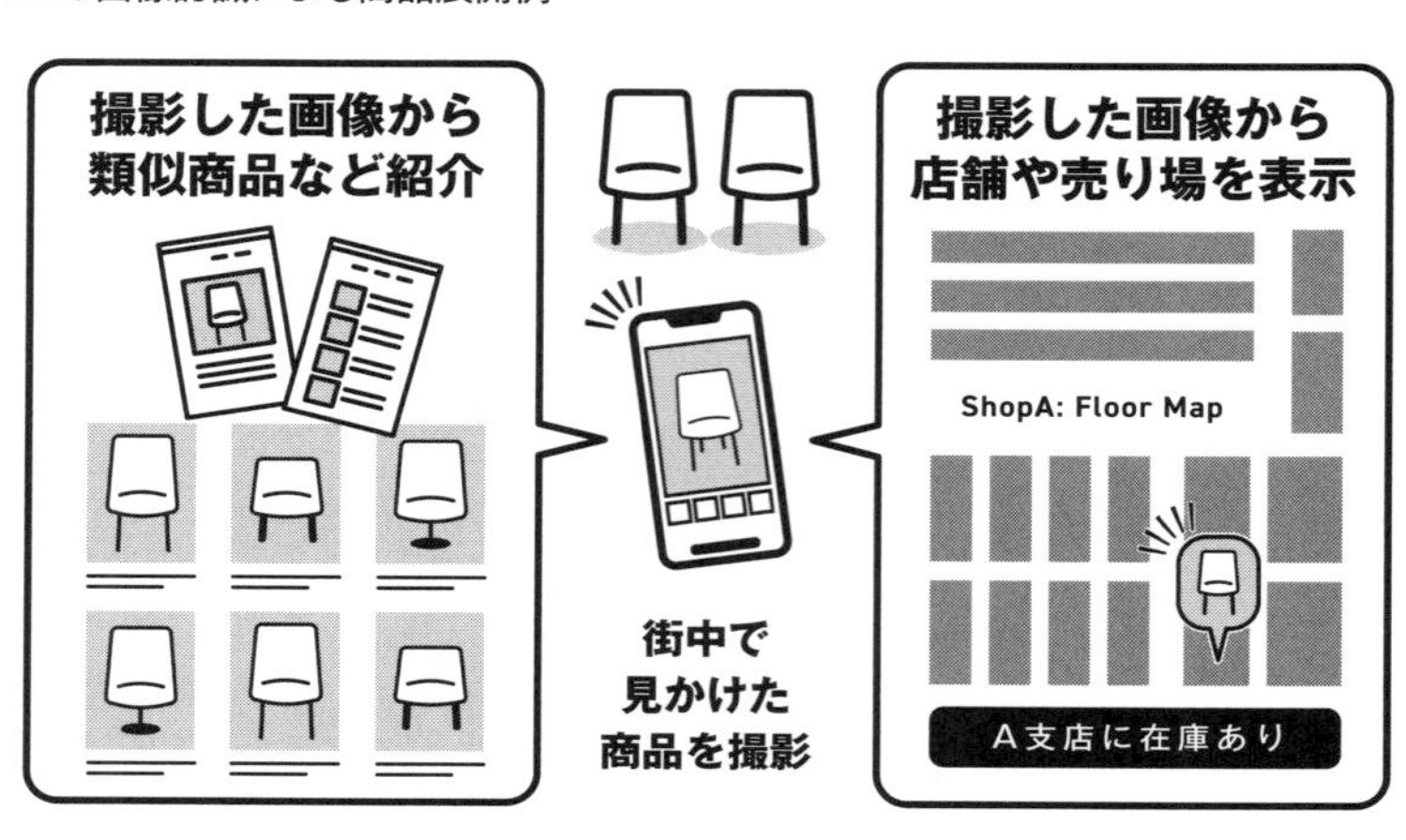

実際の企業アプリにおけるＡＩ技術としては、小売企業などで、画像検索で店内にある商品を探しやすくするために使われています。ニトリのアプリなどであれば、広い店舗の中でお客様がいちいち店員を探すことなく、アプリで商品がお店の中のどこにあるのかを見つけられるようになっています。

そのほかにもＡＩ技術でできることは数多くあり、今後もアプリにＡＩ技術を組み込むというトレンドは続くでしょう。

アプリ開発の大きなトレンドとは

このように、ますますビジネスにおけるアプリの重要性が増すにつれ、企業側もなるべく自分たちの手でアプリ開発をコントロールしたいと考えるようになってきました。従来のように開発会社にフルスクラッチで頼むだけでは、どうしてもコストがかさみ、柔軟性を欠いてしまうからです。

具体的には、企業側でアプリを運用・修正できるクラウドサービスやＳａａＳ（Software as a Service）を活用したり、一部開発を内製化したりするトレンドが出てきています。実際、ツールを使ったり内製化することでアプリ運用のＰＤＣＡをうまく回し、成果を出す企業も出てきているようです。

しかし、ほとんどの企業において、アプリの内製化はなかなか難しいところがあるのが実情です。結論としては、ビジネスモデルやアプリでやりたいことによるものの、現代のアプリ開発においては私たちのような開発会社をうまく使いながら企業内のリソースも活用する

〝ハイブリッド型〟がおすすめです。そう主張する理由については、本書でこの後、詳細に述べていきます。

なお、社内外の人間が関わるシステム開発の大きな流れとして、セキュリティ対策の論点は外せません。近年、モバイルアプリに対しても、手を変え品を変えてサイバー攻撃が行われてきています。したがってセキュリティ対策についても、開発段階から十分に検討すべき重要な課題となっています。

今後も、アプリを安全に利用するためのデータ暗号化などの領域の技術はどんどん進歩していくはずで、アプリ開発に関わるなら常に最新のセキュリティ対策について知っておきたいところです。

さらに、セキュリティ同様プライバシー保護も大きな潮流になっています。昔はアプリの中でユーザーの許諾なしに位置情報を取得できましたが、今はユーザー保護の観点から各OSともユーザーの許諾が必要になっています。

また、前述したペイドメディアの中でも、ポストCookie時代と言われるようにサードパーティクッキーに対する制限がかかってきます。

私たちが開発するアプリでも、以前は位置情報を活用したマーケティングとして、許諾を受けたうえで、アプリがバックグラウンド（アプリを開いていない状態）であっても位置情報を取得してマーケティング利用していました。しかし、現在はそうした位置情報マーケティングが難しくなってきています。そのため、きちんとユーザーに利便性を伝えた上で情報を取得し、ユーザーにレコメンドをするようにしています。

顧客視点を重視する OMOマーケティングが注目される理由

前項でも触れたとおり、アプリ開発・運用において重要となるのが、マーケティングです。昨今のデジタルマーケティングでは、オンライン（インターネット）とオフライン（リアル店舗）をいかに結びつけ、より良いCXをいかに提供するかが重要なポイントとなります。

こうした取り組みは以前から行われており、例えばリアル店舗でチラシを配ってECサイトの宣伝をしたり、ＳＮＳでクーポンを配布してリアル店舗に誘導したりと、小売りの現場ではよく実施されてきています。

ただ、いわゆる「ビフォアデジタル」の時代には、オンラインとオフラインを別のチャネルとして切り分けて考えるのが一般的で、ビジネスの中心はあくまでオフラインに置き、オンラインでの事業はそれをサポートする要素として考えられていました。

しかし「アフターデジタル」と呼ばれる現在は、オンラインとオフラインの境界線がどんどんあいまいになり、明確に切り分けて事業を展開するのは難しくなっています。スマートフォンでの電子決済を筆頭に、オンラインの技術を前提にしてオフラインの世界を構築するほうが一般的です。そして本書の主題であるアプリもまた、オンラインとオフラインをつなぐ大切な役割を担うツールの一つといえます。

そんな中、より時代に合ったマーケティング手法として注目されているのが、ＯＭＯ（Online Merges with Offline）です。

この概念はもともと２０１７年に中国で提唱されはじめたと言われています。直訳すると「オンラインとオフラインの融合」となり、インターネットとリアル店舗の垣根をできる限り設けず、一体としてCXを最大化させることを指します。アプリ開発においても、外すことのできない重要な考え方です。

なお、OMOと似た概念として「O2O（Online to Offline）」と「オムニチャネル」があり、混同しがちです。

O2Oとは、オンラインでの活動を通じてオフラインの行動を促進するマーケティング手法です。例えばインターネットを使って顧客をリアル店舗やオフラインのサービスへ誘導し、購買や利用を促進することなどが、O2Oの施策にあたります。オンラインとオフラインの両方のチャネルを組み合わせたマーケティング戦略ではありますが、オンラインからオフラインへというように、流れが基本的には一方通行であるのが、O2Oの特徴です。

オムニチャネルはリアル店舗、ウェブサイト、SNS、コールセンターから紙のチラシまで、あらゆるチャネルを顧客との接点と捉え、オンラインとオフラインの区別なく総合的な販売チャネルを構築する施策です。顧客データベースの統合などOMOと共通する部分も多いですが、オムニチャネルがインターネット以外にも幅広いチャネルの活用を前提とするのに対し、OMOではオンラインとオフラインの融合にフォーカスし、AIやIoTなどの先進技術を活用して一つの体験を作り上げていきます。

例えば、とあるカーシェアリングサービスでは、顧客はまずインターネットからアプリをダウンロードし、登録や利用手続きを進めます。その後、実際に車を運転し、利用が済んだら再びアプリを開いて決済を行います。

このような一連のプロセスを、カーシェアリングという「一つの体験」として集約するための取り組みがＯＭＯです。

Ｏ２Ｏやオムニチャネルが、どちらかといえば企業視点で行われるのに対し、ＯＭＯは顧客の行動をリアルタイムで分析してそれに合わせたサービスを提供するなど、顧客視点を重視する施策であるのも、大きな違いです。

ＯＭＯでは、総合的なＵＸ（User Experience：ユーザーが得られる体験）の向上が最大の目的の一つであり、いかに顧客にオンラインとオフラインの境目を意識させずにモノやサービスを購入してもらえるかを課題とします。そのためにはオンライン、オフラインそれぞれでデータを集め、一元的に蓄積していきながら最適解を目指し続ける必要があります。

ＯＭＯにおける最新のトレンドは、ＣＤＰ（顧客一人ひとりの属性データや行動データを

O2OとOMO

収集・統合・分析するデータプラットフォーム）を使った顧客情報の統合と、それに伴うOne to One のパーソナライズ配信です。オフライン情報がオンライン化した結果、ユーザーのより豊富なデータが取れるようになりました。それをデータウェアハウスに溜め、CDPとMA（マーケティングオートメーション）ツールを使って顧客セグメントごとに最適な配信設計を行い、アプリやメール、LINEといった各種情報配信で適切なタイミングで適切なコミュニケーションを取る、という手法が一般化してきています。

　CXを考えるというビジネスサイドの裏側で、開発サイドではこうしたデータ基盤とそれに伴う各種システムのやり取りをどう開発すべきか、またどう運用しやすくしていくべきかを考えなければならなくなってきています。

良質なCXを提供する環境を作る

アプリ運用においてOMOを活用し売り上げを伸ばすには、開発段階から複数の部門が連携していかねばなりません。

あらゆるチャネルの商品や顧客データを一元管理するには、各チャネルの担当者を集め、組織横断的にデータ分析を行うことになります。また技術部門としても、OMOを推進するには、モバイルアプリ、決済システム、AI技術などのデジタル活用は不可欠であり、それぞれの専門家が求められるでしょう。

OMOを効果的に用いるなら、リアル店舗とECサイトのみに注目すればいいわけではありません。SNSをはじめ様々な販売チャネルを用いてあらゆる角度から顧客データを収集、分析します。

すでにオムニチャネルを構築している企業なら、顧客の購買データについてはある程度揃っているはずで、それを活用してより良いCXを提供するための施策を考えます。なお施策は一度実施すれば終わりではなく、顧客視点での改善を繰り返していくことで、少しずつオンラインとオフラインの垣根がなくなっていきます。

リアル店舗の役割もビフォアデジタルの時代とは違い、オンラインと連携した良質なCXを提供する環境を作り上げていかねばなりません。そのためには、店舗スタッフがアプリをはじめとしたデジタルツールを効率的かつストレスなく使いこなせるよう、開発段階から設計を工夫することが大切です。

その意味でアプリ開発やOMOは、顧客視点であると同時に、従業員視点でもあらねばならず、CXに加えEXの向上も目指す必要があります。

このように、一口にアプリ開発といっても、その成否を分ける様々な要因が存在し、一筋縄ではいかないというのは、知っておかねばなりません。

第1章まとめ

顧客との
デジタルコミュニケーションの激変

デジタル化の進展でCXとEXを取り巻く様々な変化が起き、
求められるアプローチも変わっている

企業からの発信手段としてオウンドメディアの
重要性が増している

今後、アプリにAIを組み込むトレンドが加速していく

開発会社と社内のリソースを併用する
ハイブリッド型のアプリ開発手法がおすすめ

複数の部門が連携してデータを分析することで、
効果的なOMOを実現する

第2章

アプリ開発が失敗に終わる6つの原因

なぜ多くのアプリ開発が失敗するのか

現在、企業がこぞって自社アプリを開発、運用していますが、うまくいっているところばかりではありません。開発段階から大きくつまずいたり、運用で思いのほか成果が上がらなかったりと、課題を抱えている企業はたくさんあります。

そもそもアプリ開発のプロジェクト自体が、高い割合で失敗するといわれています。

グローバルな調査機関 The Standish Group によるソフトウェア開発に関する調査レポート「CHAOS Report」では、ソフトウェア開発プロジェクトの約31％が成功し、約19％が完全に失敗、残りの約50％が部分的に成功または失敗したと報告されています。またＩＴ分野を中心とした調査を行う企業である Gartner によると、ＩＴプロジェクトの60％が予算超過、遅延、または期待される価値を提供しないという結果が出ています。

これらのデータから、アプリ開発のプロジェクトが計画通りに成功することは比較的少な

ITプロジェクトはこんなに失敗が多い

ソフトウェア・プロジェクトに関する調査レポート
（2021年1月）

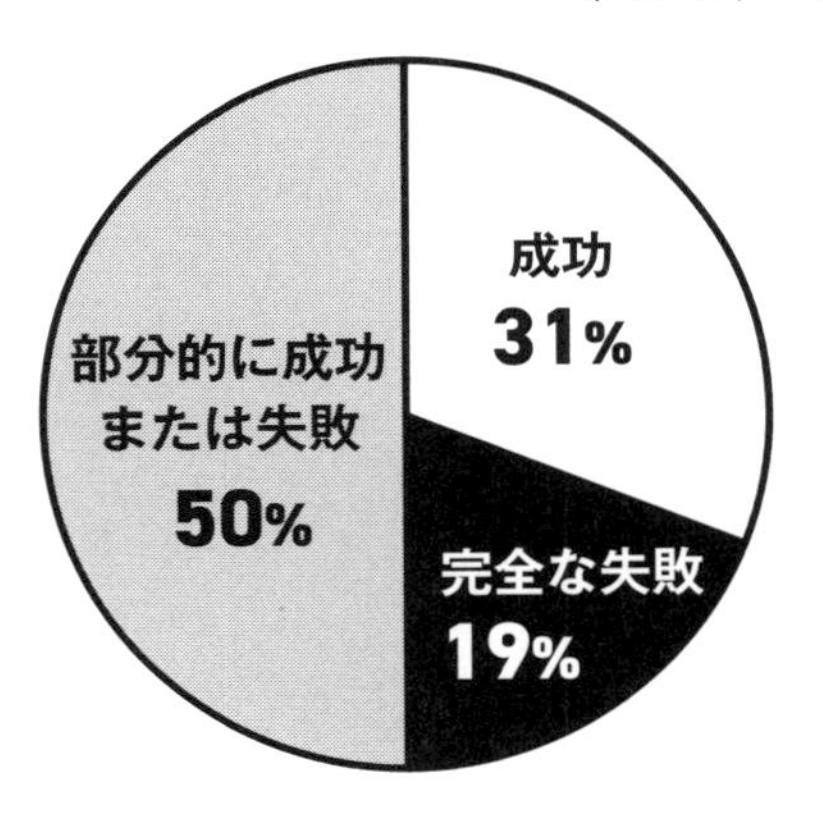

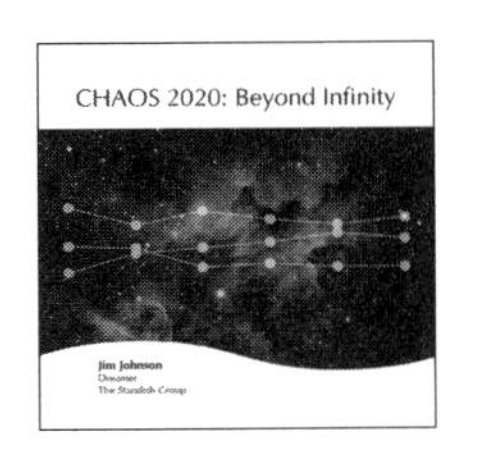

良いスポンサー、良いチーム、良い場所が、プロジェクトのパフォーマンスを向上させるために必要な唯一の改善点である。

Recommended read: Project Success Quick Reference Card by Henny Portman.
Based on CHAOS 2020: Beyond Infinity Overview. January 2021

く、失敗や部分的な失敗が多いことがわかります。

ではなぜ、アプリ開発は失敗しやすく、成果が上がらないのか。

それには、大きく6つの原因が挙げられると私たちは考えています。

よくあるケース①
「開発にばかり目がいき、リリース後の運用についての検討が不十分」

とにかくアプリを完成させることがプロジェクトの目的となり、エンジニアばかりがただひたすら手を動かしているような状況に陥ると、失敗する可能性が高くなります。

アプリは、作って終わりではありません。その後の継続的なアップデートによって機能や品質を高めていくことが大切です。また、たとえどんなにすばらしい性能を持ったアプリでも、ダウンロード数が少なければ事業として成り立たせることは難しくなります。リリース後はオンライン・オフライン両軸でダウンロード促進施策を行う必要があります。

本来であれば、企画開発の段階からリリース後の運用についても十分に検討しながら進める必要があるのですが、どうしても開発ばかりに目がいきがちで、それによる失敗が後を絶ちません。

リリース後のダウンロード促進を例に挙げると、一般的にはアプリのリリースと同時にプレスリリースやウェブサイト、店頭での告知、チラシへの掲載、メルマガ配信といったダウンロード促進施策を行いますが、開発に気を取られ、それらを現場や代理店任せにしてしまうというケースが考えられます。これらを実行するにはしっかりとした準備が求められますから、開発段階から代理店と戦略を練っておかねばなりません。それをせず、しかも社内の運用体制も整っていないままリリースとなると当然、対策は後手に回り、初動のダウンロード数やアクティブユーザー数が伸び悩む結果となります。

他にも、小売店のモデルケースで考えてみましょう。レジでお客様が会員証をすばやく見せる必要があるのに、サーバースペックの低いクラウドで構築したために、ユーザーが利用するときに会員証ページを開くのに時間がかかってしまう……会員証がすぐに開ける場所にボタンを配置していなかったために、ユーザーがアプリを開いて会員証ボタンを押すのに時間がかかる……これらは実際に店舗で運用される状況をよく検討できていなかったための失敗であり、結果としてレジのオペレーションが非効率になってしまいます。

あるいは、マーケティング活用するためのログの設定を開発時に行っていないために、実際にやりたいマーケティング施策ができなくなってしまうケースもしばしば見られます。初回会員証を提示したユーザーに対してクーポンを提供したかったのに、会員証を提示したかどうかアプリではわからず、結果としてどのユーザーにクーポンを提供したらいいのかわからなくなってしまった、といった失敗です。

このような事態を防ぐため、本来ならアプリの設計段階から、どのように運用していくのかを固めておき、設計に反映していかねばなりません。企画段階からあらゆる体制を整えておくのは難しいでしょうが、あらかじめリリース後の運用について想定、検討し、予算取りも行っておくことが大切です。

アプリの機能面だけではなく運用の想定も重要

フェーズごとのアプリ機能と施策例

	目標設定	認知・DL促進	アクティブ化	効果創出
アプリ機能	効果を計測できる仕組み	使いたくなるコンテンツ	日常的・継続的に使いたいコンテンツ プッシュ通知	One to One レコメンド アプリ内メッセージ
施策	KPI設定 コミュニケーションシナリオ・施策設計	リアル接点（店頭アプローチ） 分かりやすいインセンティブ ASO対策 ロコミ・話題性 タイアップ&誘導 マス広告	プッシュ型コミュニケーションによる起動促進 PDCAの高速化 2、3カ月に1回以上のアップデート	リアル・ネット全体を俯瞰したトータル企画に基づくアプリ戦略 ビジネス効果の上がる継続的な施策の実行・計測・改善 アプリ内メッセージによるきめ細やかなコミュニケーション
体制	上記施策を継続的に実施できる運用体制の組成／維持／高度化			

よくあるケース②
「アプリが必要な理由や運用の目的が明確でないまま開発に入る」

例えば「競合他社が開発したから、うちもアプリを作りたい」など、アプリがなぜ必要なのか、目的がはっきりしない状態で開発に着手するのも、よくある失敗の原因です。

ライバルがいち早くアプリ開発に着手し、リリース後に成功を収めていたのなら、それがそのまま戦力差となりかねませんし、「追い付け、追い越せ」とばかりに自社でもアプリを作ろうとする気持ちは理解できます。そうしてアプリ開発を行うこと自体はいいのですが、何のためにアプリが必要なのか、どんな目的でプロジェクトを行うのかという理由が明確になっていないと、後に苦労しがちです。

仮に競合他社とほぼ同じ性能を持つアプリが完成したとしても、リリースしてみればユー

アプリ開発の目的設定

アプリ開発の目的〈記入例〉	●コスト削減のため、紙やプラスチックの会員カードをアプリに切り替える ●在庫をアプリでリアルタイムで確認できるようにして、商品管理の負担を減らす
アプリ開発の目的〈書き込んでみてください〉	● ● ●

ザーは付かず、評価もされず、鳴かず飛ばずで運用停止となる可能性が高いです。そうなると「アプリをやってもうまくいかない」というトラウマだけが残され、本当にアプリが必要なタイミングになっても踏み出せなくなりかねません。

なぜそんなことが起きるのか……アプリ開発の目的という観点でいうと、事業の一環として行う以上、アプリによって自社の何らかの課題が解決できねばなりませんが、事業の課題はいわば会社の数だけ存在するものです。自社と競合他社の双方が全く同じ課題を抱え、その解決策として同様のアプリにたどり着くことはまずないはずです。

そして、解決すべき課題が少しでも違えば、おのずと求められるアプリの形も変わります。例えば人件費削減を目指すとして、紙やプラスチックの会員カードをアプリに替えて発行の手間を減らすのか、在庫がリアルタイムでわかるようなアプリによって商品管理の負担を減らすかなど、様々な方向性があります。そして会員カードアプリと在庫管理アプリでは、見るべき指標の置き方や備えるべき機能、デザインの在り方などが大きく変わるのは想像に難くないはずです。

プロジェクトにあたり「まずは先行する他社と同じようなアプリを作り、それをベースにブラッシュアップしよう」という考え方もありますが、カスタムやアップデートにあたっても目的や理由が求められますから、やはりどんな場合でも目的や理由、そしてそれを現実のものとするためのプロセスやフローといったビジネス要件を、設計段階からできる限り具体化しておく必要があります。

よくあるケース③「マーケットインとプロダクトアウト、どちらかに偏り過ぎている」

アプリ開発のプロジェクトは、マーケティング部と開発部という二つの部門の人材が主体となって進める例が多く見受けられます。その際、マーケティング部の声が大きければ、アプリは市場や顧客の声を重視するマーケットインに偏って開発が進み、逆に開発部が強ければプロダクトアウトに偏った開発となりがちです。

例えば、マーケティング部のパワーバランスが強くマーケットイン偏重で開発する場合、市場調査に時間がかかり、その影響で搭載すべき機能群がなかなか決まらないなどで、上流工程の時点から開発スケジュールが少しずつずれていくことがあります。どこかで仕様を切る決断ができるマネージャーがいないと、開発が遅れるだけ遅れて、結局プロジェクト自体

アプリ開発におけるパワーバランス

マーケティング部門の意見　開発部門の意見

マーケティング部門の意見　開発部門の意見

が立ち消えになることもあります。

その他にも、マーケットインを偏重した開発が行われたなら、企業独自の強みを生かして市場に新たな価値を提供するのが困難になり、他社との差別化は難しくなるかもしれません。また、ユーザーの期待に応えようとしすぎた結果、全体的なデザインや使用感が犠牲になる可能性もあります。

これは逆もしかりで、プロダクトアウトばかり追求してしまうと、顧客のニーズにそぐわず、市場に受け入れてもらえないリスクがあります。新たなトレンドにも素早く対応できません。

マーケットインとプロダクトアウトの発想は、本来競合するものではなく、双方バランスよく取り入れる必要があります。バランスが大きく崩れることのないよう、人材のアサインから気を配るのが大切です。

よくあるケース④
「RFPを作成せず、情報が整理されていない」

開発サイドへの相談の際、基礎資料となるものの一つがRFP（Request for Proposal：提案依頼書）です。

アプリ開発を行う背景や課題、どんなアプリが必要かや、ほしい機能、予算と納期まで、RFPに盛り込む内容は多岐にわたりますが、本質的にはベンダーから良い提案をもらうための情報を正確に伝えるためのものです。そうしてRFPをまとめることで、自社としても情報が整理でき、関係者間での情報共有にも活用できます。基礎資料としてきちんと作成すべきものですが、それをせずに開発に臨む企業は意外に多く、やはり失敗しやすいようです。

典型といえるのが、ＲＦＰがないままとりあえず見積もりを取ろうとするケースです。ただ口頭で伝えるだけでは漏れも発生しやすく、提案内容が不十分になるリスクがあります。それが見積もりや工期にも影響を与え、ずれが大きければ開発まで至らないかもしれません。

逆説的になりますが、私たちの経験からいうと、アプリでより高い成果を上げている企業は、必ずＲＦＰを用意していました。そしてその内容が具体的でわかりやすいという共通点もありました。

ただしだからといって、あまりに細かく作り込み、自由度のないＲＦＰを作るのも避けたほうが無難です。

社内によほどのアプリ開発の専門家がいて、ベンダーと同レベルの知識と技術を持っているならまだしも、そうでないなら「餅は餅屋」で、アプリ開発に精通したベンダーのアイデアをうまく取り入れながら進んだほうが、結果としてより良いアプリになりやすいです。

仮にあらゆる点で細かな指定が入ったＲＦＰによりベンダーに提案依頼をかけ、実際にその通りに仕上げるのは無理があるような場合、ベンダー側が辞退する可能性が高く、５社、

10社と声をかけてもなかなかプロジェクトが進まないでしょう。あるいは要求されたものだけを淡々と作るベンダーが選ばれるかもしれませんが、RFPどおりにアプリが完成しても、そもそもの企画に穴があれば求める成果は上がりません。

RFPは、作成する段階からベンダー側に相談し、企画支援の依頼をするのがおすすめです。開発や運用の専門家に意見をもらいながら企画を練り上げたうえで、開発の要件定義に入るのが理想的といえます。

よくあるケース⑤
「自社のレガシーなシステムを基盤として開発を行う」

古い技術や仕組みを用いて構築されているレガシーなシステムは、基本的に新しい技術を用いて作るアプリとの互換性がありません。

それにもかかわらず、無理に自社のシステムにアプリを合わせようとすると開発段階から無理が生じ、求められる性能を発揮できなかったり、UXが著しく下がったりと、トラブルが発生しやすくなります。

たしかに時には、レガシーな基幹システムをすぐに変更することができないという制約のもとでの開発を余儀なくされることもあるかもしれません。その際には、例えば基盤システムから中間サーバーを挟んでアプリへとつなぐなどのやり方もあります。したがってレガシーなシステムだから必ずアプリ開発が失敗するというわけではありませんが、やはりどこかで無理が生じる可能性はどうしても高くなり、相応のリスクが伴うというのは知っておく必要があります。

そんなリスクの最たるもののひとつが、セキュリティです。

レガシーなシステムは最新のセキュリティ標準に対応していないこともあり、そこにアプリを載せても安全性が確保できません。セキュリティに不安の残るアプリをリリースするのはあまりにもリスクが大きく、安全性が担保できなければプロジェクトがとん挫する恐れもあります。

よくあるケース⑥

「従業員が現場で使いこなせていない」

いくら高い性能を秘めたアプリであっても、それを使いこなす人がいなければ意味はありません。ユーザーには使いやすかったとしても、従業員にとって使い勝手が悪く、現場で活用できないようなアプリは成果が上がりづらいものです。

例えば、店舗スタッフがアプリに苦手意識を持ち、機能もよく知らず、ほとんど使っていなかったとします。それでは当然、お客様からのアプリについての質問に答えるのは難しく、勧めることもできません。また、画面設計などに問題があり、レジでのオペレーションが煩雑となった場合、レジ待ち時間が多く発生するなどのデメリットが生じることがあります。そういった場合もやはり、店舗スタッフからアプリを勧めてもらうことは難しいでしょう。それが新規ユーザー数の伸びに歯止めをかけたり、利用率を低下させたりする原因となるのです。

逆に私たちの経験からいっても、従業員に対するアプリ使用の啓蒙活動を徹底している会社では、ユーザー数や利用率といった各数値が伸びやすい傾向があります。例えばアルバイトまでを対象とする説明会の継続的な実施や、社内用の広告物の作成・配布といったアプローチを続けるといいでしょう。

そして従業員にとっても使いやすいアプリにするには、意見箱やアンケートなど現場の声を吸い上げる仕組みを作り、企画、開発、運用のいずれにも生かし、ブラッシュアップしていくことが大切です。

実際に、アプリのUI（User Interface：ユーザー接点）・UX（User Experience：ユーザー体験）について社内外でアンケートやインタビューなどの調査を実施し、その結果をアプリに反映させたことによってユーザー数や利用率を伸ばしている企業もあります。

以上が、アプリ開発が失敗に終わる6つの原因です。

ただこれはあくまで代表的な例であり、細かく見ればさらにいくつもの落とし穴が存在しています。それらすべてを超えてプロジェクトを成功に導くには、できるだけ早い段階から専門家を巻き込み、その知恵を活用するのがおすすめです。開発が始まるからベンダーを探す

アプリの改善例

Before

ボタンが上部にあり
判別もしづらい

クーポン

対象商品
100円
引き

この画面を
レジで見せれば
いいの?

対象商品が
分かりづらい

対象商品
100円引

確認済み

キャンセル

この商品は
クーポンの対象
だったかな?

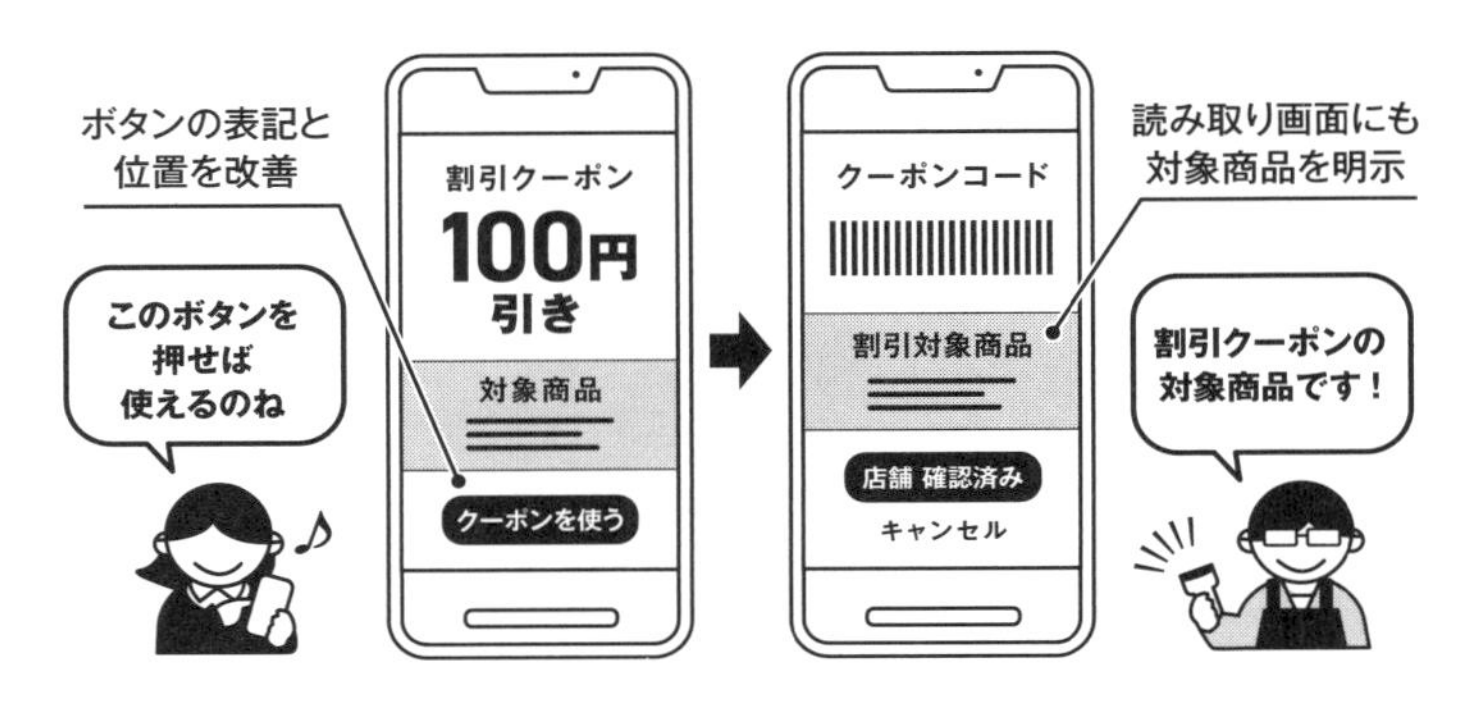

というより、企画やRFP作成の段階で相談を持ち掛けるというのが成功への近道となります。

また、失敗例にもあったとおり、アプリは開発して終わりではありません。運用をしっかりと行い、より良いアプリへと改善していった先に、事業としての成果があります。したがって開発だけではなく、運用もまた外部のプロフェッショナルの力を借りて進めていったほうが、望む結果につながりやすいです。

パートナーとなるベンダーを選ぶ際には、企画から運用まで一気通貫で手掛けられる、実績のある会社を探すというのも、失敗を回避するためのひとつのポイントといえます。

アイリッジでは、そもそもの企画や開発後の運用も一緒に任せていただいたほうがより良い結果につながりやすい、とお伝えしています。

「アプリ開発の失敗」＝必ずしも開発の失敗ではなく、企画内容・開発の方法・運用等がすべてつながったうえでの失敗なのだと考えます。

そもそも何をもって失敗なのかを具体的に認識したうえで、打ち手を考えていくことが大切です。

アイリッジグループの強み

アイリッジは、アプリを導入・運用される事業者様のビジネスパートナーです。
アプリ開発だけでなく、企画段階からの支援、
アプリ導入後のアプリ活用支援、プロモーションをトータルサポートします。

企画フェーズ ＞ 開発フェーズ ＞ 運用フェーズ

企画フェーズ

1 企画力
- 企画支援
- コミュニケーションデザイン

2 UI/UX デザイン力
- UI/UXデザイン支援
- ユーザーインタビュー

3 伴走力
- アプリ成長支援
  ➡コミュニケーション設計
  ➡マーケティング設計

開発フェーズ

4 プロダクト力

APPBOX

キットクル Kit-Curu

5 開発力
- アプリ開発
- LINEミニアプリ開発
- PWA開発
  Progressive Web Apps
  （プログレッシブウェブアプリ）

運用フェーズ

6 プロモーション支援
- ウェブ広告
- ウェブプロモーション
- セールスプロモーション
- 認知促進施策
- DL促進施策

2 UI/UX デザイン力
- UI/UX改善
- ユーザーインタビュー

3 伴走力
- グロースハック
- アプリ成長支援
  ➡ストア評価改善施策
  ➡リテンション率向上施策

第２章まとめ

アプリ開発が失敗に終わる 6つの原因

アプリをリリースした後にどう運用するのかは、
企画段階で考えておく

何のためのアプリにするのかで作るべきアプリは変わる

アプリの開発前には必ず RFP を作成する

レガシーシステムと新しいアプリは相性が悪いことも

従業員にとって使いやすいアプリを心掛ける

第3章

アプリプロジェクト成功への道

～企画編～

アプリ開発で成果を上げるための三つのステップ

前章で解説した〝よくある失敗〟を回避して成功に導くために、私たちはアプリプロジェクトを大きく三つのステップに分けて考えると、やるべきことが整理しやすいと考えています。

STEP1：考える（企画・要求整理）
STEP2：作る（要件定義・設計・開発）
STEP3：回す（運用）

ここからは実際にこの三つのステップに区切って、それぞれにおける正しいアプローチの方法を解説していきます。

先に概要を述べると、本章ではまず「考える」、すなわちアプリの企画段階においてのポイントをまとめます。アプリプロジェクトが失敗する一因は、十分な構想がないことです。最初からアプリが解決すべき課題や目標、開発の目的を明確に定義し、運用まで想定した上で、どんな機能が求められるかを洗い出していきます。それをＲＦＰにしっかり反映し、開発に関わるステークホルダーが、共通の認識を持てるようにする必要があります。

第４章では実際にアプリを「作る」際に重要となるポイントをまとめます。アプリを開発する際には、技術面はもちろんそのプロセスやプロジェクト管理にも注意が必要です。アプリ開発の中で陥りがちな落とし穴の回避方法や、機能開発の優先順位などについても解説します。

そしてアプリは、「作って終わり」ではありません。マーケットの反応を見て、適時修正しながら磨き上げていくことで初めてゴールが見えてきます。第5章では「回す」、つまり運用段階において、より効果的で成果を最大化する方法について検討します。最適な運用チームのメンバーや、ＰＤＣＡの回し方など、具体的な運用ノウハウを挙げます。

企画段階で十分な構想を立て、適切な技術を用いてアプリを開発し、そして戦略的に運用を展開することで、アプリプロジェクトは必ず成功します。

目標と紐づくデジタルマーケティング戦略は必須

まず、第一ステップである「考える」（企画・要求整理）について解説します。

アプリの企画は、いわばプロジェクトの屋台骨を作るフェーズであり、その後の開発や運用の方向性にも大きく関わります。

企画がうまくいかなかったことが原因で、アプリ完成後に根本的な問題や課題が発覚し、途方に暮れるというパターンは、実はかなりあります。建築物に例えると、建物が完成してから内装やレイアウトを変えることはある程度できても、水回りを一階から二階へ移すような変更は基本的に難しい、ということです。無理に実行しようと思えばそれこそ一度、建物の大部分を解体して作り直す必要があるかもしれません。アプリもまったく同じで、実際に完成してから「やっぱりこんな機能を持たせたい」「ここを根本的に見直したい」と言っても、後の祭りとなるケースがよくあります。

そして土台から変更が求められる修正が発生する場合のほとんどは、「ビジネス要件」があいまいなまま開発がスタートしています。ビジネス要件とは、企業の成長戦略を理解し、そのビジネスを行う目的や、達成したい目標などを定め、まとめたものです。

したがって「考える」段階から、ビジネス要件をできる限り具体的にしておくことが、アプリで成果を収めるための最大のポイントです。

開発ベンダーの立場から見ると、実は初期相談の段階から、開発の成否を左右する重要な分かれ道が潜んでいます。

私たちがアプリ開発の相談を受ける際、各企業のご担当者の方々から最初に受けるご説明は、ほとんどの場合が経営方針や中期経営計画などです。そしてそれらに基づき、アプリを開発してこれからのデジタルマーケティングの中心にアプリを据え、事業を伸ばしていきたいという要望を受けます。それと併せて「三年後に売上200億円を目指す」「会員数を600万人まで増やす」といった具体的なKGI（Key Goal Indicator：重要目標達成指標）や、KPI（Key Performance Indicator：重要業績評価指標）についても示されます。

これらは当然であり、開発サイドにとっても目指すべき頂となる重要な情報です。

しかしそこまでの開示が終わると、あとは開発部長や技術責任者が引き継いで、「アプリ内に決済機能を入れたい」「ECとアプリで会員を統合したい」「UI（User Interface）の設計は……」などと、急に開発の枝葉に話が及ぶケースがよくあります。

こうして経営方針や中期経営計画、経営におけるKGIやKPIといった上流の話から、具体的なアプリの機能など開発の具体論に話が飛んでしまいがちなのも、実はアプリ開発が失敗に終わる要因の最たるものです。

本来であれば、経営戦略とアプリの機能との間には、それをつなぐためのデジタルマーケティング戦略が必要なはずです。例えばターゲットの明確化や、カスタマージャーニーの分析、会員を増やす戦略、ロイヤルカスタマー化してもらうための工夫などを検討しなければなりません。そうした、いわば「二段目の戦略」について関係者で共有のうえ、それを叶えるためにはアプリが具体的にどんな機能を備えているべきか、As Is（現在の課題）とTo Be（理想の状態）のギャップをどう埋めるか」という議論に進んでいくのが、理想的な流れです。

しかし実際には、こうしたデジタルマーケティング戦略を練って開発サイドに伝えるようなことがないままにプロジェクトが進むケースが、圧倒的に多くなっています。エンジニアの目線でいうなら、9割以上のプロジェクトは「この機能を持ったアプリを開発してほしい」

開発サイドを含む関係者全員で共有、協議すべき

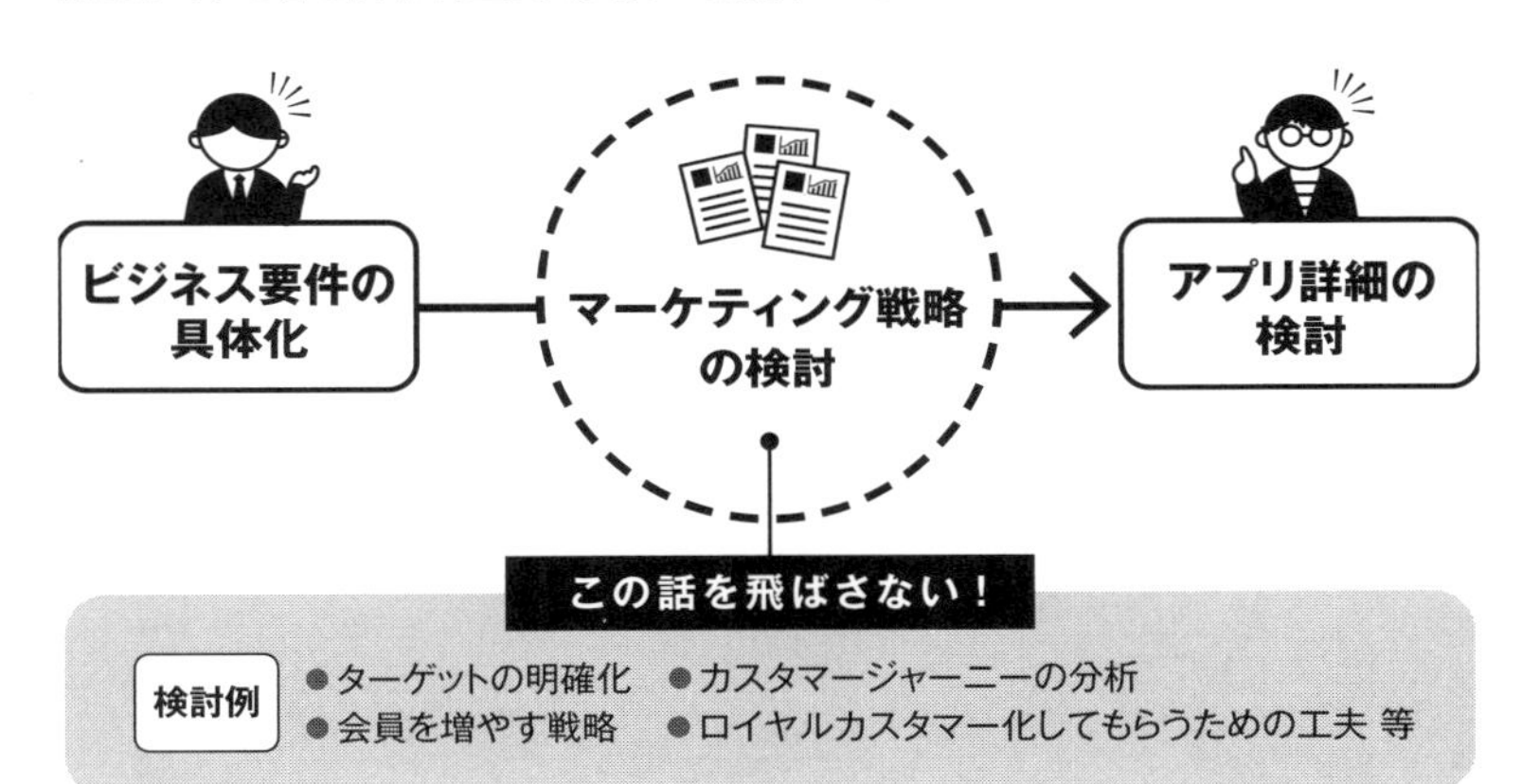

という、プロジェクトの責任者がやりたいことの情報のみが降りてきて、それをベースに作るしかないというのが現実です。

そうして開発したアプリは、当然ながら戦略に沿ってはおらず、成果を出すのも難しくなります。またせっかく優秀なエンジニアが担当となっても、コンセプトがわからないままでは課題に対するソリューションの提案にも限界があり、凡庸な性能に終わってしまいがちです。

したがってデジタルマーケティング戦略についても、開発サイドを含む関係者全員で共有、協議するというのが前提となります。

企画の質を高めるために行うべき、二つの分析

デジタルマーケティング戦略を練るうえで必ず検討しておきたいのが「バリュープロポジション」と「カスタマージャーニー」です。

【バリュープロポジション】

自社の製品やサービスが顧客に提供する独自の価値や利点を示すもので、アプリ開発においても一貫して意識しておくべき考え方です。

自社ならではのブランドを特徴づけ、競合他社との差別化を図るための核となる要素であるバリュープロポジションが明確なほど、マーケティングメッセージの作成や営業における訴求がしやすくなり、顧客の獲得につながります。

立案にあたっての基本となるのは、顧客・自社・競合の三つの観点（３Ｃ）から価値を探っていくことです。図を使って解説すると、顧客が望む価値と、自社が提供できる価値の重な

バリュープロポジション

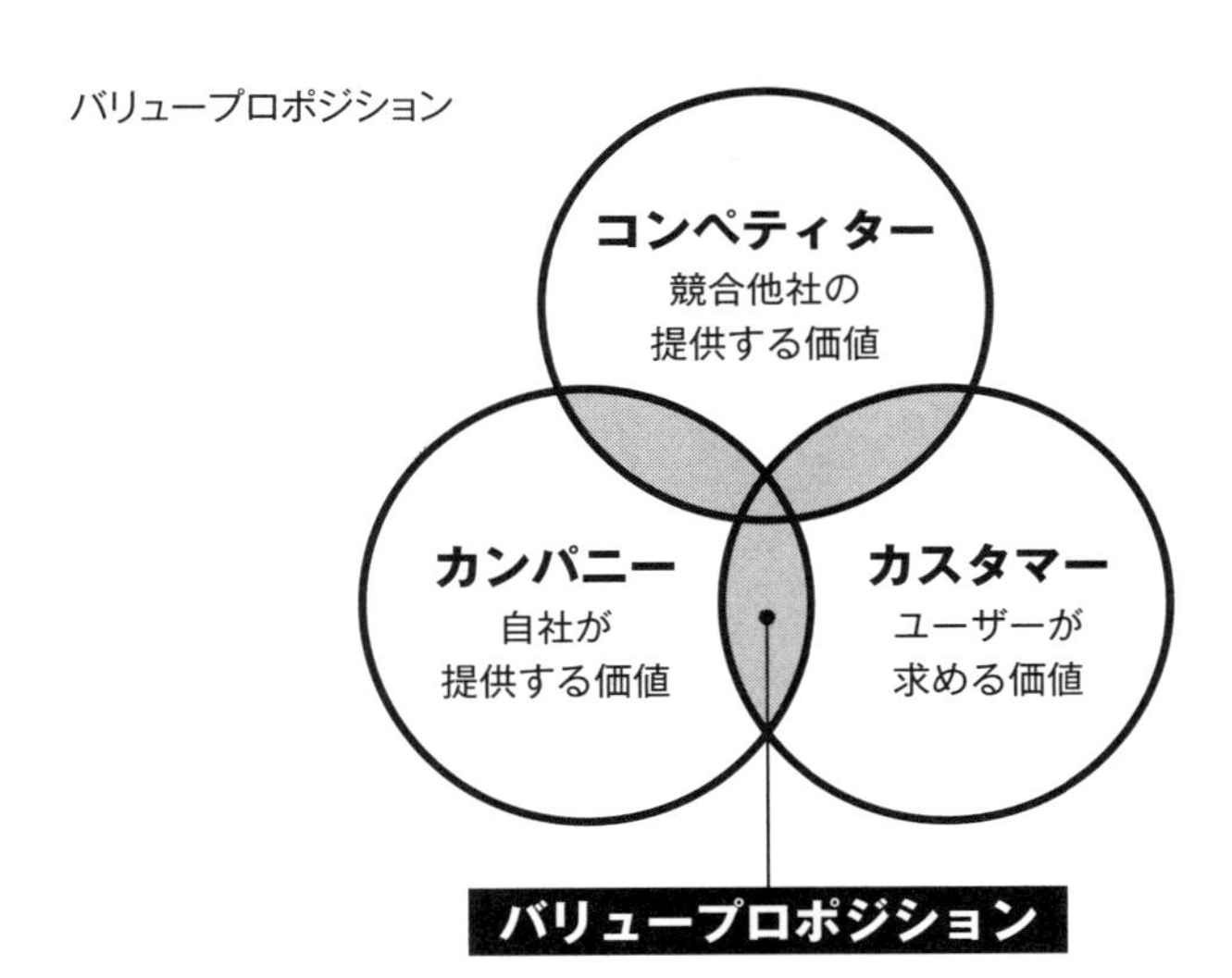

る部分で、かつ競合他社が提供できない領域が、バリュープロポジションとなります。

なぜ、アプリ開発でもバリュープロポジションの検討は必須なのか、ひとつ例を挙げてみます。

あなたは旅行会社に勤務しており、自社独自の「旅行アプリ」を開発するプロジェクトを任されたとします。

旅行アプリは、観光地探しや旅行計画の作成と共有、宿やチケットの予約、写真や旅の記録の保存といった機能を備え、旅のサポートをしてくれるものです。

企画にあたっては多くの人が、まずは競合

他社のアプリをチェックしてどんな機能を備えているかを確認し、それを基に「うちではこんな機能を持たせたい」と検討に入るかもしれません。しかし先ほど述べたとおり、これはいきなり枝葉の話に飛躍する典型例であり、失敗しやすいやり方です。

ごく簡略化していうなら、例えば旅行アプリのユーザーの中には、旅行計画を細かく立てて、それに基づいて行動したい人と、計画段階ではある程度余白を残し、自由気ままに楽しみたい人がいるとします。こうした顧客のどの層をターゲットにするかで、アプリのコンテンツや機能は大きく変わります。計画的に旅行を楽しむには、事前の情報収集がとても重要ですから、検索の手助けとなる機能や、情報を整理してまとめる機能があると便利です。一方で自由気ままに楽しみたいなら、旅行の最中に実施されているイベントが即時的に表示されるような機能があるといいでしょう。

このように書くと、「これらすべての機能をアプリに備えておけば問題ない」と思うかもしれませんが、実際にはひとつのアプリに機能を入れ過ぎると、開発コストがかさんだり、稼働で問題が起きやすくなったり、UXが悪くなったりするリスクがあります。コンテンツや機能については、ある程度の取捨選択を求められるのが現実です。逆からいうと、ターゲットはできるだけ絞り込んだほうが、開発効率が向上し、かつ使い勝手の良いアプリになります。

ただし、事業の成果につながるアプリを開発するには、ターゲットの絞り込みだけでは不十分です。自社の強みの活用や、すでに先行するアプリとの差別化も併せて検討しなければならず、バリュープロポジションが求められます。

【カスタマージャーニー】

顧客が自社の製品やサービスに出会い、それを購入し、使用して、最終的にはブランドに対する意見や感情を形成するまでの全プロセスを示す言葉です。各プロセスは顧客が体験する一連の段階で構成され、各段階で顧客がどのような行動を取り、どのような感情を持つか、どのような問題に直面するかを理解することなどを目的としています。

各段階の設定の詳細は事業内容によって変わります。あくまで一例ですが、小売業なら次のようなものが挙げられます。

①認知：顧客が製品やサービスの存在を初めて知る段階。広告、口コミ、ソーシャルメディ

アなど様々なチャネルを通じて行われます。

②検討：製品やサービスに関心を持ち、より詳細な情報を求めて調査する段階。比較検討もこの段階で行われます。

③購入：顧客が製品やサービスを購入する段階。購入プロセスのシンプルさや支払い方法の選択肢が重要になります。

④使用：顧客が製品を使うか、サービスを利用する段階。使用中のサポートや製品の品質が顧客満足度に直結します。

⑤評価：使用後の顧客が製品やサービスを評価する段階。このフィードバックは、他の潜在的顧客の認知や検討段階に影響を与えることがあります。

⑥支持：製品やサービスに満足した顧客が、他の人に推薦する段階。ロイヤルティの高い顧客は、ブランドの最も価値のある資産の一つです。

このようなカスタマージャーニーの分析を通じて、企業はＣＸを最適化し、顧客満足度を向上させる戦略を策定できるようになります。成果としては、顧客ロイヤルティの向上、リ

カスタマージャーニーマップ（英会話のオンライン教室の例）

ペルソナ	ペルソナ花子　31歳　女性　未婚 コールセンターに勤めるアルバイト社員。趣味はカフェ巡り。				
顧客のフェーズ	無関心	認知	検討	体験	購入
顧客の行動	YouTube Instagram Google 検索 グノシー カフェ LINE ニュース	Google 広告 SNS YouTube 広告 TVCM 駅内広告 情報サイト	Google 広告 SNS YouTube 広告 まとめサイト 比較サイト HP	HP 口コミサイト 他社サイト YouTube メール	HP
顧客とのタッチポイント	YouTube Instagram Google 検索	Google 広告 SNS YouTube 広告	Google 広告 SNS YouTube 広告 まとめサイト 比較サイト HP	HP 口コミサイト 他社サイト YouTube メール	HP
顧客の感情					
対応策	認知してもらうために認知のためのアプローチ	検討フェーズに移行するための魅力ある情報を提供	ネガティブな情報に対しての対応策、比較サイトなどに情報提供	体験後、HPから申し込みしやすくなるようなアプローチやメール	分かりやすい申込方法

ピート購入の促進、ブランドの支持者を増やすなどが期待できます。
そしてカスタマージャーニーは、全プロセスを視覚的に示すマップで表現するのが一般的です。

作成のポイントとしては、ターゲットの行動やニーズをなるべく具体的で詳細に描くことです。客観的なデータがあれば、積極的に使いましょう。バリュープロポジションを、カスタマージャーニーのどこのタッチポイントで感じてもらうのかを設計します。

特に、差別化する点やバリュープロポジションを感じてほしい点については、それに特化したカスタマージャーニーマップを作るくらいで良いでしょう。例えばアイリッジの小売業での事例であれば、レジ前オペレーションの改善のためにカスタマージャーニーマップを構築して改善した実績もあります。

大事なのは、継続的に改善していくことです。カスタマージャーニーマップは一度作ったら終わり、ではありません。

良質なカスタマージャーニーマップを作っておくと、顧客のターゲティングから顧客満足のための課題抽出まで、関係者があらかじめ共通認識を持つことができます。

アプリ開発でいうと、システムエンジニアをはじめとした開発チームに、こうしたマーケティング側の視点が入ることがとても重要で、顧客目線での機能やUXの設計につながります。またマーケティング担当がアプリ開発に関わる場合にも、EC担当、店舗担当などそれぞれの立場から顧客を想定してしまいがちですが、カスタマージャーニーマップの共有によって全体像を知ることで、より最適なアイデア出しや提案ができるようになります。

なおカスタマージャーニーマップは、ざっと記して関係者に配れば、それで終わりというものではありません。

プロジェクトの成果につなげるには、カスタマージャーニーマップのどの部分で自社のバリュープロポジションを顧客に伝えるべきか、明確に設計しておく必要があります。

旅行アプリの例でいうなら、旅行計画を細かく立てる人にターゲットを設定した場合、カスタマージャーニーにおいては、旅行の計画段階ですでにアプリをダウンロードしてもらわなければ、バリュープロポジションが活かせません。また、計画を固めず自由気ままに楽しみたい人に対しては、旅行中にダウンロードしたそのタイミングで、地域の情報がリアルタイムにわかるような機能によってバリュープロポジションが伝わるかもしれません。

このような工程を経ると、アプリ開発におけるビジネス要件がどんどん具体化してくるはずです。仮に目標が会員数６００万人を目指すなら、「実現のためには、このターゲットに対してこうした機能を、こんな仕様で開発するといいのではないか」という話ができるようになっていきます。先ほど枝葉の話として引き合いに出した「アプリ内に決済を入れたい」「ＥＣとアプリで会員を統合したい」といった検討も、ここに至ってから議論のテーブルに上げるのがベストです。

「このような背景をもとに、アプリユーザーにはこんな価値を伝えたい」というところまで要件が落ちていると、開発サイドでも「ではこうした機能が求められるはずだ」「これくらいのコストと期間がかかりそうだ」「サーバー間での連携はこうやってはどうか」……といったような具体案につながり、企画の質がぐっと高まります。

アイリッジではアプリの企画段階からご支援が可能です。本書の特典として、バリュープロポジションとカスタマージャーニーマップのフォーマットをダウンロードできるようにしましたので、興味のある方はぜひ活用してみてください。

パフォーマンスを定量的に測定するための指標を設定する

バリュープロポジションの分析とカスタマージャーニーマップの作成を行ったら、次に考えるべきは、アプリのパフォーマンスを定量的に測定するためのKPIの設定です。

なお、より効果的なKPIを設定するために用いられるツールとして「KGI／KPIツリー」があります。こちらもマーケティング業界ではおなじみのフレームワークの

テンプレートつき！
アプリプロジェクトの根幹を支える
「バリュープロポジション」と「カスタマージャーニーマップ」の活用方法

一つです。

KGI／KPIツリーでは、最終目標であるKGIから、それを実現するために日々追跡すべきKPIまでを階層的に整理し、視覚化します。KGIは「何を達成したいか」を表し、KPIは「どのように進んでいるか」を示すために用います。このツールによってプロジェクトの戦略的目標と日々の業務がどのように関連しているかを明確にし、全員がその達成に向けて同じ方向を向いて努力できるようになります。

しかし、このアプローチをアプリ運用で応用するには、ひとつ課題があります。

それは、KPI設計において「ユーザーのプロダクト体験」が十分に加味されていないことです。

プロダクトの成長を促進するためには、数字だけでなく、ユーザーがプロダクトをどのように体験しているか、その体験がどのように価値を生み出しているかを理解することが不可欠です。したがって従来のKGI／KPIツリーだけでは、成長を目指したアプリ運用の指標としては不十分といえます。

KGI／KPI ツリーのイメージ図

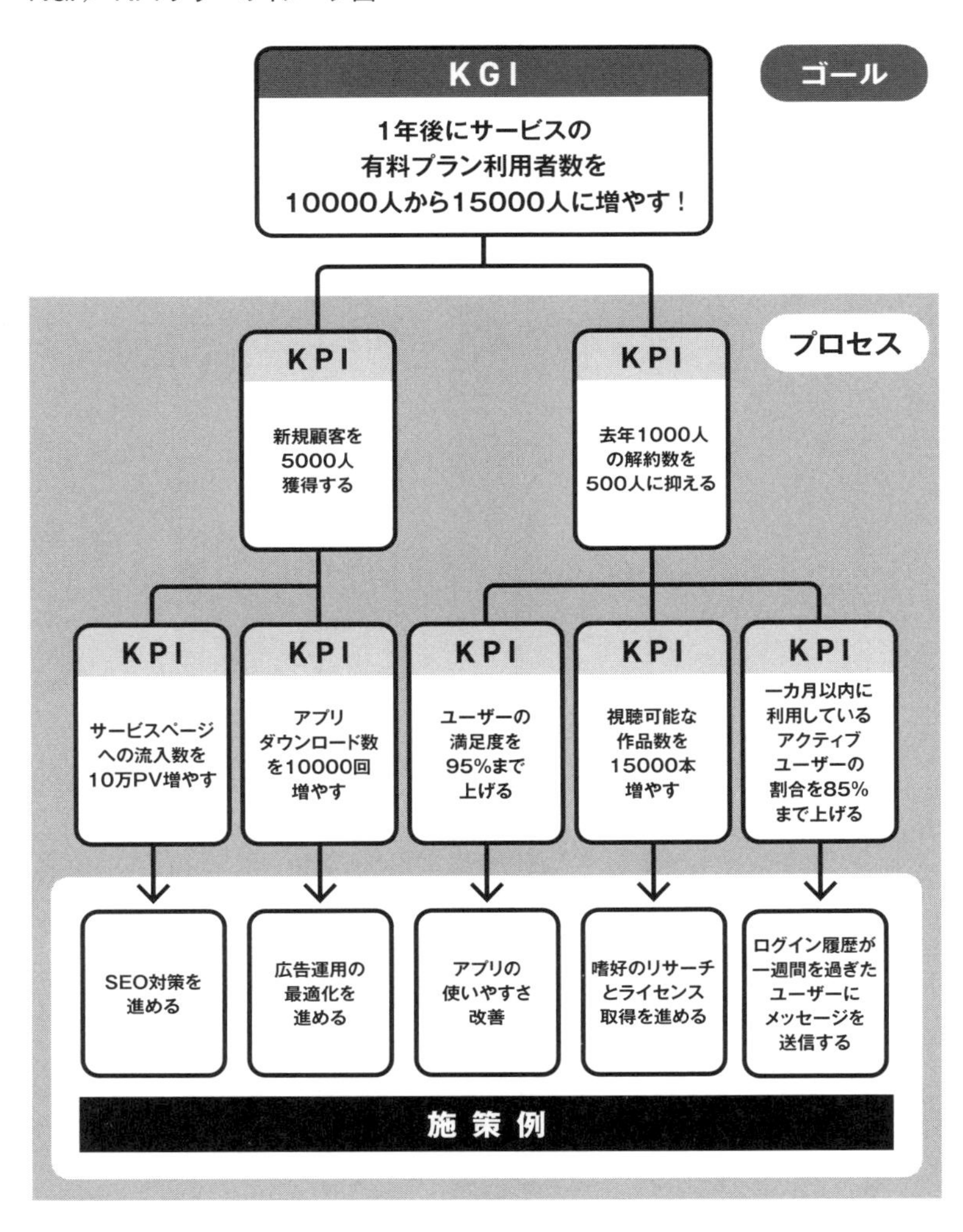

では、ユーザーのプロダクト体験を加味する形でどのようにKPIを設定すればいいのでしょうか。

そこで取り入れたいのが、NSM（North Star Metric：ノーススターメトリック）です。NSMは、その名が示すとおり、常に夜空の同じ位置に輝いて船を導く北極星のように、プロダクトの成長においていつも目指すべき、もっとも重要な指標です。プロダクトの本質的な価値が顧客に提供できているかを測る単一の指標であり、ビジョンや理念とも密接に関連し、あらゆる関係者がこのNSMを中長期的に向上させるために活動します。

世界に名だたる有名企業もNSMを活用し、事業の根幹に据え、実現させていくことで成長しました。例えばMeta社は、人々がつながりを深めるプラットフォームを提供することを自社のビジョンとし、それを叶えるためのノーススターを「月間アクティブユーザー数」、すなわちどれだけ多くのユーザーがプラットフォームを利用しているかに置いています。

民泊仲介の新たな形を生み出したAirbnbでは、世界のどこでも家を見つけられるプラットフォームを目標としています。そして「予約された宿泊の数」、すなわち実際に自社のサービスを介してユーザーがどれほど宿泊を行ったかをノーススターとしています。

NSMの位置づけ

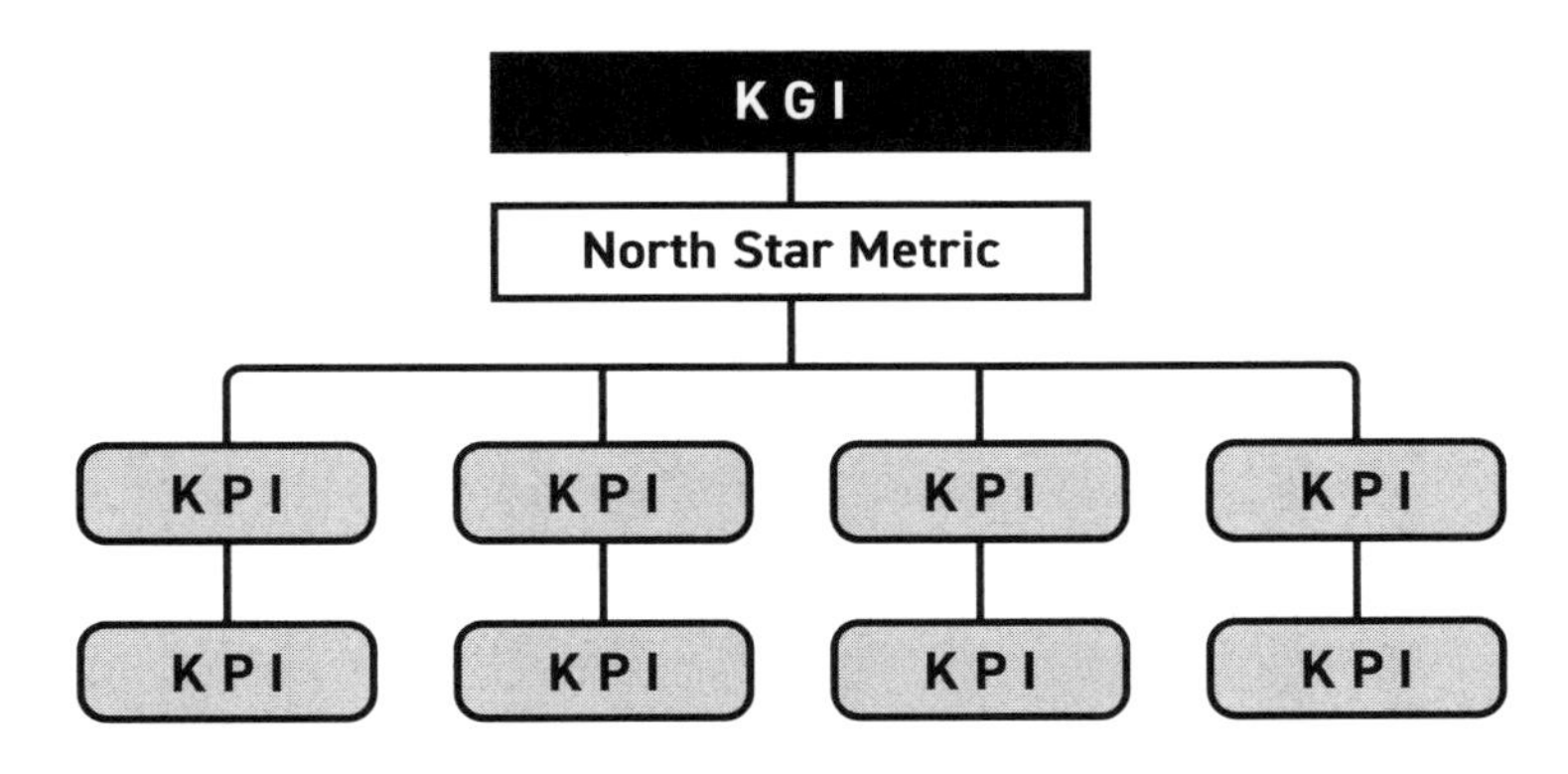

事例からもわかるとおり、NSMはビジョンや使命と密接に関連し、選定された指標は、プロジェクトの成功と直接的に結びつくものでなければいけません。また、定量的に測定可能で、定期的に追跡できるのも大切な点です。

このNSMとKGI／KPIツリーを組み合わせて使用することで、アプリの長期的な成功に寄与するユーザー体験の向上に焦点を当てたアプローチを構築できます。

要求の背景までわかるＲＦＰの作成は必須

デジタルマーケティング戦略からＫＧＩ／ＫＰＩツリーまでまとめたら、開発サイドへの相談にあたって、ＲＦＰを作成しましょう。

私たちはこれまで３００件以上のアプリ開発に携わってきましたが、より高い成果を上げられた企業は、必ずＲＦＰを用意していました。そしてその内容が具体的でわかりやすいという共通点もありました。

ここで具体的に、良いＲＦＰとはどんなものか、悪い例と比較して示します。

【良い例】

- 企業として、中長期で目指していくべき方向性がわかる
- 全体システムにおける該当システムの位置づけが示されている
- 課題（As Is）を可視化できている

・課題（As Is）に対してのあるべきシステム（To Be）の戦略、
　要求が書かれている

【悪い例】

・作りたいシステムについての要求がほとんどを占める

より良いものを作りたいという思いが強いほど、要求を詰め込んだＲＦＰとなって期間・コストともに高くなりがちですが、より良い提案を受けるためにはしっかりと要求の背景を伝えることが重要です。

なお、アイリッジではＲＦＰの作成段階からサポートが可能です。本書の特典として、〝開発ベンダーから良い提案がもらいやすいＲＦＰ〟のフォーマットをダウンロードできるようにしましたので、興味のある方はぜひ活用してみてください。

開発ベンダーから良い提案がもらいやすい！

RFP フォーマット

体制面では内製化にこだわらず、外部の専門家の力も借りる

ここまでアプリプロジェクトにおける目標やマーケティング戦略、そしてそれらを関係者全員が共通認識として持つことの重要さを解説しました。

アプリ開発という新たなプロジェクトが動き出すと、組織内でタスクフォース（課題達成のための臨時チーム）を組むことになるかもしれません。

では、アプリ開発にはどんなメンバーが関わって進めていくのかというと、考える、作る、回すというそれぞれのフェーズで登場人物が変わる部分もあります。かなり幅広い人材が必要です。

具体的にどのような人材を揃えるべきかという各論は、後続の章ごとに語っていくとして、まずはプロジェクトを束ねる重要な立場となる、次の人材について述べていきます。

プロダクトマネージャー（ＰｄＭ）

プロダクトの価値を向上させ、より高い成果を上げるための責任者です。経営戦略や顧客分析を踏まえたコンセプトの立案から、開発、運用、販売までを包括的に管理します。「What」「Why」に責任を持つ役職であるといわれ、価値を最大化させるために「どんな課題があるのか」「何を作るのか」「なぜ作るのか」など、市場・顧客ニーズと製品をマッチさせることが業務です。

プロジェクトマネージャー（ＰＭ）

担当するプロジェクトを成功に導くため、計画立案から進捗・品質・コストの管理までを担う責任者です。「When」「How」に責任を持つといわれ、スケジュールの決定や管理、人的リソースの配分、ステークホルダーとの調整役も担います。

プロジェクトマネジメントオフィス（ＰＭＯ）

プロジェクトマネージャーを支援し、開発ベンダーや開発側の主張内容が正しいのか判断する役割を担います。プロジェクトの進捗管理、リスク管理、ステークホルダーとの調整など、PMが対応しきれない業務を担当し、プロジェクトの品質向上と成功率の向上に貢献します。事業会社にとっては非常に重要なポジションです。

この三つのマネージャー職に優れた人材を確保できるかが、プロジェクトの行く末を左右します。

現状だと、こうしたマネージャー職を担える人材の数はかなり不足しており、探すのに苦労するかもしれませんが、それでもなんとか揃えたいところです。

これらの人材が主導し、実際に開発や運用を進めるのが、デザイン、設計、プロダクト運用、営業といった様々な分野の専門家を含む混成チームです。逆にいうと、組織横断でこれらの人材を幅広く集められるかが、チーム作りにおいて重要な点です。

また、幅広い人材が集まって一つの目標に向かう際、注意すべきはチーム内のコミュニケーションです。それが不十分だと情報の分断などが起きて、開発に支障をきたします。コミュニケーションの機会は可能な限り多く設定しなければなりません。できれば日次で互いの業務内容や進捗を報告する仕組みを導入したいところです。

情報共有は、チャットに加え定期的なオンラインミーティングを通じても行うべきです。そこで用いるツールの指定によってもコミュニケーションの質が変わります。

おすすめとしては、普段のコミュニケーションならSlack、ウェブ会議にはGoogle MeetやZoom、情報共有にはNotionやJiraのConfluence、ドキュメントの共有はGoogleのスライドやスプレッドシートを活用するといいです。

とはいえいくら環境を整えても、そもそも社内にアプリ開発チームを担えるだけの専門家がいなければ、自社のみで開発を行うのは難しいでしょう。

先述のとおり、開発の要となるマネージャー職を務める人材を探す段階から、壁に当たることが多いです。人がいないからといくつかの役割を兼任させてプロジェクトを進めても、失敗する確率が高くなります。「餅は餅屋」と言われるとおり、専門家がそれぞれの役割を果たして初めて、アプリ開発チームは機能し、成功が見えてきます。

キーパーソンの存在に加え、実装技術や開発ツールの確保といった観点からも、アプリ開発を内製化するためにはそれなりの時間と資本が必要です。チーム編成一つとっても、必要な人材の採用や教育で3〜4年はかかるかもしれません。さらに、数年がかりでようやくメンバーが揃ったとしても、技術の進歩が早い昨今においては、開発で求められるスキルセットがすでに変わっている恐れもあります。

内製化する際には、採用・教育なども含めた間接費が多くかかります。単純に目先の開発コストが下がり、自由な開発ができると判断したり、開発ベンダーの選定に失敗し、思いどおりのアプリが提供できてないなどを理由に、内製化を推進するのは危険です。

中長期的な経営戦略としてアプリ開発チームの育成を掲げているなら、内製化に向け投資する選択もあるでしょうが、現在の市場に対し有効なアプリを開発したいなら、内製化にこだわらず外部の専門家の力を使うのがもっとも確実です。

優秀なパートナーが見つかったなら、開発のすべてをその会社に委ねてもプロジェクトはきっと成功するはずです。自社主導で進めるにせよ、例えば会社の核となる情報や戦略を担う部分の設計だけ社内で行い、コモディティ化している部分や特定の専門性が求められる部分は開発ベンダーに外注するなど、ハイブリッドでプロジェクトを動かしていくほうが、成功の可能性が高まります。

プロダクトマネージャーに求められる最重要ポイント

本章の最後に、アプリ開発の〝扇の要〟となる、タスクフォースの責任者を誰に任せるべきか、というところを考えていきましょう。

アプリ開発を率いる主要なプレーヤーとなるのは基本的に、マーケティング部門またはシステム開発部門の人材です。そして私たちが見てきたケースでは、マーケティング部門の人材がトップに立つことが多いようです。もちろんそれでも問題ないのですが、ここで一つ注意しなければならないのは、トップに就任した人の所属する部門の影響力が強まることです。

例えばマーケティング部門の人材がプロジェクトを主導し、大部分を自らの部門内で進めたとします。必然的に開発部門には「この機能を実現してください」という指示のみが下され、コンセプトや大きな方向性が見えづらいまま開発が進んでいくでしょう。そうして開発者が部分最適しか考えられずに組み上げたアプリはマーケティング主導で開発サイドの観点が弱くなり、レスポンスのパフォーマンスが悪くなったり、運用しにくいものになる可能性が高まります。

逆に開発部門のメンバーばかりが中心となってプロジェクトを進めると、マーケティング的な観点が弱くなり、ユーザーが真に求める機能やＵＸが見えづらいまま、アプリが完成します。どんなにすばらしい性能を持っていてもそのアプリ自体にニーズがなければ、多くの人に使ってもらうことはできません。

製品やサービスを企画、開発する際には、消費者の求めているものを市場に出す「マーケットイン」、自分たちが作りたいものを市場に出す「プロダクトアウト」という二つの考え方がありますが、アプリ開発だと両方の要素をバランスよく持っておくことが非常に重要です。したがってタスクフォースにおいても、トップにどんな人材がつくにせよ、設計や開発に関わる人材がバランスよく配されるほうが、よりよいアプリができる確率が高まります。

なお、プロジェクトを率いる人材に求められるスキルについても述べておくと、マーケティングや開発の知識・技術はもちろんあるほうがいいのですが、実はそれよりも重要なポイントがあります。

アプリ開発には、マーケティング部門や開発部門以外にも、様々な部門が関わります。例えばアプリの中に、すでにホームページにある他部署が作ったコンテンツを表示したり、決済機能で財務系の部署との連携が必要になったりと、関係者が多岐にわたるのが通例です。したがって理想論でいうと、プロジェクトの責任者には、会社のあらゆる部門を理解し、業務に精通した人物が就任すべきです。

ただ当然ながら、そうした人材が都合良くいるとは限りません。

ですから、トップは基本的に「この部分なら、A部署のBさんが誰よりも詳しい」という人を社内で頼り、知恵や技術を借りながらプロジェクトを進行していくことになります。それを前提とするなら、トップに求められるのは、具体的な知識やスキルよりも、「組織横断で人を巻き込むコミュニケーション力」であるといえます。

そして、企画という第一段階から、関係するあらゆる部署の人材に声をかけ、可能な限り巻き込んでおくことができれば、プロジェクトの成功率はかなり高まるはずです。

ただし大企業においては、組織横断でのプロジェクト進行が難しいケースもあります。その際には、外部のパートナーが各組織の仲立ちをしながら進行していくことになるかもしれません。したがってベンダーに開発を依頼する場合、そうした調整力や経験値があるかを見極めたいところです。過去に何度も大企業と仕事をしてきた会社のほうが、そのようなプロジェクト進行に慣れていますから、安心して任せられるはずです。

また、デジタルマーケティング戦略について理解し、的確な提案をしてくれるようなパートナーを探すのも重要です。例えば会員数600万人を目指すうえで、アプリの利用状況やデータ通信の履歴といったログを取って行動分析し、ユーザーとの接点を増やすという戦略を立て、設計段階から効果的なログの測定ができるようにしておくのは、ただアプリ開発のみを行うベンダーではなかなか難しいでしょう。アプリ運用のコンサルティングや成長支援など、上流から携わってきた経験が豊富なベンダーを探すべきです。

ここまで解説した流れで、第一ステップである「考える」段階を進めていくと、アプリ開発の目的やゴールがメンバーに共有され、それぞれがやるべきことが明確になった状態で、次の「作る」ステップに入ることができます。

第３章のポイント

STEP 1
考える（企画）

（企画・要求整理）

目標と戦略の共有	As Is（現在の課題） To Be（理想の状態）
質を高める分析	バリュープロポジション カスタマージャーニー
指標の設定 RFPの作成	中長期で目指す方向性 全体システムの中の位置づけ
プロジェクト体制	PdM・PM・PMO 開発パートナー
プロダクトマネージャーの選出	組織を横断してまとめる、 コミュニケーション力重視

第4章

アプリプロジェクト成功への道

～開発編～

フルスクラッチか、フルパッケージか……それぞれのメリットとデメリット

「作る」、つまり具体的なアプリ開発について考えるにあたり、まずおさえておきたいのが、アプリの役割の変化です。

インターネットが広まる以前のアプリは、主にパソコンで使用するための電卓やメモ帳のような単機能のツールが主流でした。その後、インターネットが徐々に広がるとともにアプリの種類も増えていきますが、ユーザーの使い勝手やアプリの浸透に着目するものは少なく、特定の目的に合わせたツールかどうかに軸足が置かれているものばかりでした。

しかしIT技術の進歩やスマートフォンの登場などを境に、アプリが担う役割はどんどん拡張していきました。現在ではアプリを通じ、SNS、EC、健康管理など多岐にわたる機能が提供されています。そしてクラウド技術との連携やAIによるパーソナライゼーションの向上などで利便性はさらに高まり、その結果アプリは単なるツールから生活に不可欠な

サービスを提供する存在へと変貌を遂げています。

この潮流は、アプリ開発の現場にも大きな影響を与えています。アプリに多様な機能や連携が求められ、構造が複雑化したことで、新たなアプリを開発する際にも時間とコストを要し、人的リソースや技術力も必要となりました。

こうした背景を前提に、開発はどうあるべきかを考えていきます。

アプリの設計が終わり、具体的な開発へと進むにあたって必ず突き当たる課題は、「フルスクラッチかフルパッケージか」という選択です。

あらためて解説を加えておくと、基本的にアプリ開発のアプローチは大きく「フルスクラッチ開発」と「フルパッケージ開発」の二つに分かれます。

フルスクラッチ開発はソフトウェアを最初から自分たちで設計し、コーディングする手法です。自社ですべてを開発するため、業務や目的と完全にマッチした機能を持つアプリができあがるので、変更や拡張も容易になります。また外部のサービスやプラットフォームに依存しないので、将来的なサービス終了や内容変更といったリスクもなく安定した運用が可能です。

その一方で、開発に時間とコストを要するというデメリットがあります。また専門的な知識や技術が求められ、それを持った人材も確保しなければなりません。

フルパッケージ開発とは、既存のサービスを利用してアプリを構築する方法です。すでに世に出ているものを利用することで、開発スピードは格段に速まります。また初期投資はフルスクラッチ開発に比べ圧倒的に低く抑えられることが多いです。既存サービスなら、システムのメンテナンスやアップデートも自社で行う必要がないので運用コストが抑えられます。

ただし、既存サービスの範囲内では拡張性に限界があり、それのみで自社の目的を完全に叶えるアプリを作ることは、なかなか難しいかもしれません。完成後の仕様の変更など、柔軟性もフルスクラッチには劣ります。コスト面でいうと、フルパッケージなら安いと考えがちですが、この点は注意が必要です。月々のランニングコストについては、アカウント数や使用頻度に応じて金額が上がっていく場合もあり、クライアント側の規模などによっては必要以上に金額がかさんでしまうケースが見られます。

また、フルパッケージはサービスを提供する事業者の影響を受けやすく、方針変更やサー

フルスクラッチ開発とフルパッケージ開発の特徴

	フルスクラッチ開発	フルパッケージ開発
初期費用	高コスト	低コスト
月額費用	保守・運用を外注する場合、 その費用がかかる	アカウント数や使用頻度に応じて 金額が上がっていく場合がある
導入期間	開発期間が必要	短い
保守・運用	維持管理が別途必要	サービス利用に含まれる
拡張性	自由な拡張が可能	拡張範囲は限定的
独自性	高い	低い

ビスの終了があれば、アプリも見直しを迫られます。外部のプラットフォームを利用するうえで、データ管理におけるセキュリティやプライバシーについても配慮する必要があります。

なお、どのような手法で開発するかの検討は、プロジェクトの具体的な要件、予算、期間、そして目指す成果に基づいて行うべきです。設計段階でどれくらい要件や目標をしっかり定めておけるかが、最適な選択のための鍵となります。

コンセプトにより適した開発手法を選ぶ

前述のとおり、現在ではアプリが担う役割が複雑化しています。第1章でも述べた通り、すべてをゼロから開発するよりも、ＳａａＳで補える部分はそれに任せ、拡張が必要なものについてスクラッチで開発するといったアプローチが適しているケースが多いです。「フルスクラッチかフルパッケージか」の二択ではなく、プロジェクトの目的や内容に合わせ、世にあるサービスを柔軟に取り入れながら、必要な機能を構築していくという発想で臨みましょう。

例えば、アプリ内でのトーク機能を提供する手段として、次のようなものが考えられます。

①フルスクラッチ開発

②SaaSプラットフォームを利用したスクラッチ開発

③他のトーク機能サービスとの連携（フルパッケージサービスの利用）

少し具体的に解説すると、トーク機能の中にも多数の開発要素がありますが、中心となるのはUI部分およびUIと通信して必要な情報を取得するサーバーサイドの開発となります。フルスクラッチ開発ならトーク特有のUIを新規に開発することに加えて、サーバーサイドも新たに開発する必要があります。サーバーサイドでは、AWS（Amazon Web Services）などを活用することで開発効率および品質向上を図るのが一般的となります。一例として、AWSなら、Web-Socket に対応したAPIGateway + Lambda などを活用しながら、サーバーサイドのプログラム開発を進めていくなどのアプローチがあります。

ただし、機能としては運用実績がないものを立ち上げるわけですから、運用当初に品質面で課題が出る可能性もあり、しっかりしたテスト計画や体制含めた運用計画を立てる必要があります。

ＳａａＳプラットフォームを活用する場合、Amazon ConnectやTwilioやSendbird（チャットＡＰＩサービスとして特化型のＳａａＳサービス）などが候補に挙がります。

ＵＩ部分の提供においては、ＳＤＫ（Software Development Kit）と呼ばれる、ツールやライブラリ、ドキュメント、サンプルコードなどが含まれたパッケージを活用することで飛躍的に開発効率や品質の向上が見込めます。ＳａａＳサービスの中でもＳＤＫも含めた提供を実施しているのか否かで開発効率なども変わるためアプリ開発では重要なポイントとなります。

先程挙げたＳａｓＳプラットフォームの中でもSendbirdはＵＩも含めたＳＤＫの提供があり、トーク機能を開発する上では有力な候補となります。

そしてそれ以外に、すでにあるトーク機能サービスと連携するという方法も考えられます。

基本的に、①がもっとも柔軟性が高い反面、開発コストや時間がかかり、そこから②、③と下っていくほど柔軟性が低くなる傾向にあるものの、初期の開発コストや時間は抑えられます。ただし、運用という観点からいうと、逆に③がコストが高くなり、①がもっとも低く

開発手法による柔軟性とコストの違い

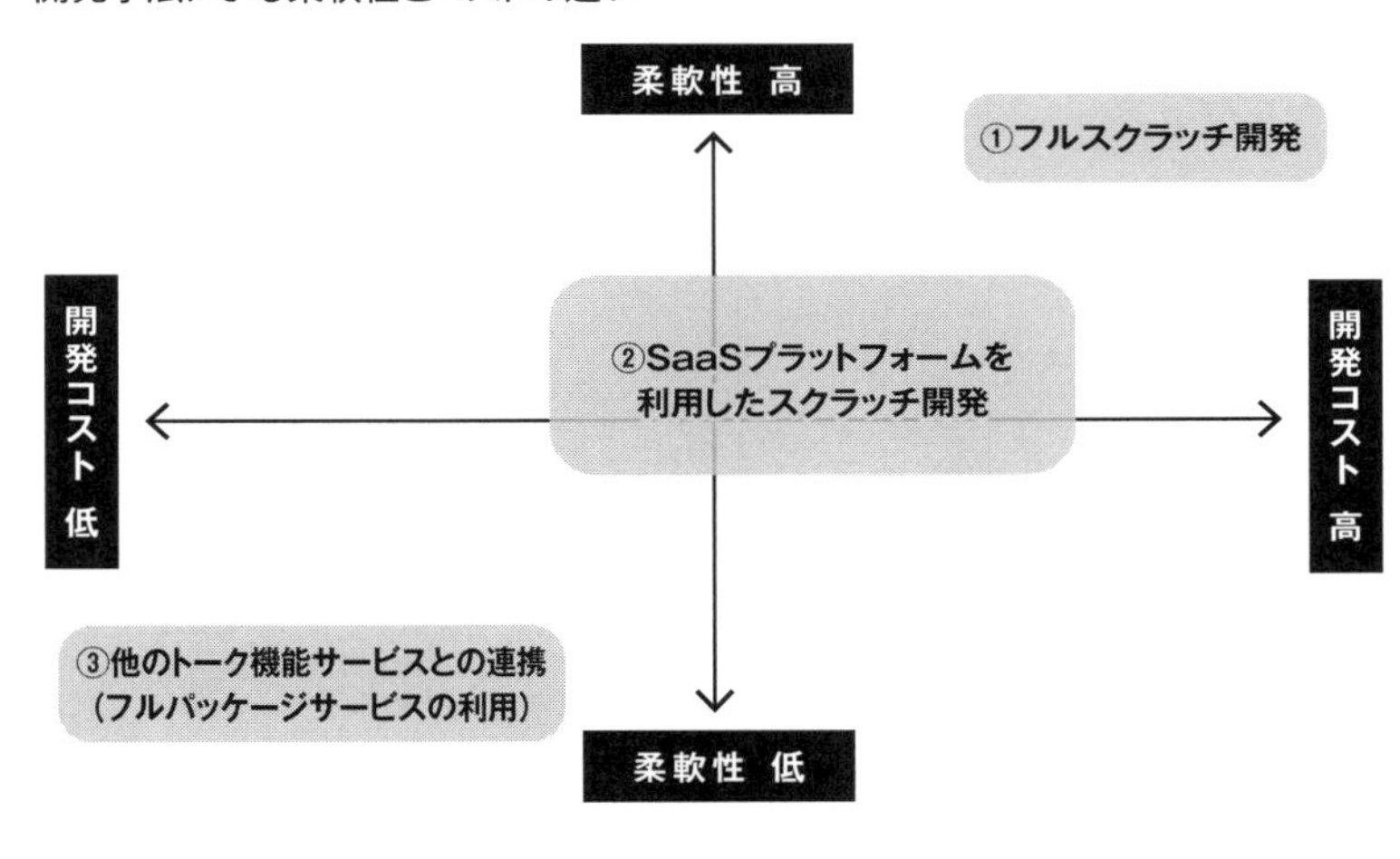

なることもあります。開発のアプローチを考える際には、ただ開発コストと時間のみで選ぶのではなく、拡張性やメンテナンス性、運用コストといった点までトータルで判断することが大切です。

なお、こうして一つの機能を作ることに対しても数多くの選択肢があり、最適解はその都度変わってくるというのも、現代のアプリ開発の特徴です。とある大企業は、アプリにアンケート機能を備える際、まずはGoogleフォームでアンケートを作って素早く立ち上げ、その後あらためてスクラッチに切り替えていました。そうしてスクラッチ開発のデメリットの一つである開発期間の長さを補う工夫をしたのです。

このように開発においてはメリットとデメリットを天秤にかけながら、その都度、最適な選択をしていく必要があるのですが、その際の羅針盤となるのが、バリュープロポジションやカスタマージャーニーを通じて導き出したコンセプトです。それをもとに一貫した選択を続けていくことで、目的とした成果を上げやすくなります。

とはいえ、多数の選択肢を思い描き、その中から最適解を選ぶというのは、誰でもできることではありません。アプリ開発の専門家でなければ、最新のＳａａＳ事情や世に出たばかりのツールを常に把握するのは難しく、その活用やアイデアの提案にも限界があるため、必然的に選択肢も限られていきます。

もし、社内にアプリ開発の専門家が不在であるなら、限られたコストや時間で最大の効果を上げるためにも、やはりアプリ専門の開発ベンダーに相談を持ちかけることをおすすめします。

優秀なベンダーはここが違う

世には無数のアプリ開発ベンダーがあり、それぞれ特徴や強み、弱みがあります。そんな中から、どこに相談を持っていき、いかに自社のアプリ開発を成功に導いてくれるパートナーを選ぶかは、とても重要なポイントです。

ではどういったベンダーが優良といえるのか、ここであらためて考えます。

前章では、ベンダー選びのコツとして次の二つを挙げました。

＊大企業なら、同程度の規模の企業と何度も仕事をしていて、組織の調整力もあるベンダーを選ぶほうが安心

＊開発の上流から関わってきた経験が豊富で、デジタルマーケティング戦略について理解し、的確な提案をしてくれる相手が良い

これらは主に過去の実績から優良なベンダーを選ぶための見極め方であり、相談の段階では過去の実績を軸にいくつかの会社に声をかけるのが一般的です。

その次の段階として、実際に相談を持ち掛け、見積もりをもらう中でのリアクションにも、ベンダーの質がよく表れるものです。

作り手の側からすると、まず大切なのは質問です。顧客がどんな事業を行い、どういった目的でアプリを作りたいのか、どのように活用するのかといった情報がわからなければ、正確な見積もりも、芯を食った提案もできません。

もちろん、最初からその業界に精通し、同様のアプリ開発の経験がある会社なら、細かな質問をせずとも顧客の意図を汲むのは可能でしょうが、よほど業界を絞って事業をしていない限り、なかなかそうはいきません。

逆にいうと、たいした質問もないまま見積もりが上がってくるベンダーよりも、開発の背景から活用の仕方まで、要点をおさえつつきちんと質問してくるベンダーのほうが、優良であることが多いです。

さらにいうなら、見積もりについても「この機能がほしいならこの金額」というだけでは

優秀なベンダー選定のポイント

- 過去実績と組織の調整力がある
- 全体戦略を理解した提案がある
- 要点を押さえた質問がある
- 見積もりの項目ごとに納得できる根拠がある
- 複数プランの提案がある

本来、不十分であり、それぞれの項目に対しその金額の根拠を細かく答えられるベンダーのほうが優秀です。例えばコンビニエンスストアではレジ前のオペレーションが非常に重要であり、アプリにはレスポンスの早さが求められます。それを理解した上で、そこに対する機能が見積もりに入っており、かつ金額に対し納得できる説明を受けられるようなベンダーは、かなり質が高いといえます。

また提案を求めた際に、松竹梅のような形で複数のプランが出てきたなら、それはベンダーの引き出しの多さを示しています。一つのプロジェクトに対し、予算と時間をかけ高品質なアプリを作るか、リリースまでの早さを重視するか、開発を主要機能のみに絞ってできるだけコストを抑えるか、というように差別化された提案を複数受けられたなら、それもまた優秀さの表れです。

このような点をしっかりと見極めるだけで、優れたベンダーと出会う確率はぐっと高まるはずです。

なお、自社にぴったりのパートナーが見つかったとしても、その後のコミュニケーションの取り方によっては、その能力をフルに生かせないこともあります。

特にベンダー側として納期に余裕のないプロジェクトなどではコミュニケーションの数が不足しがちで、依頼主も定例会議での進捗確認と、完成品の最終チェックくらいしか接点を持たないことがよくあります。

より質の高いアプリを開発するには、その時々での成果やアウトプットに対してもコミュニケーションを取っていくというのが大切です。例えば要件定義書やWBS（Work Breakdown Structure：作業分解構造図）など、ベンダー側にアウトプットが求められる資料は必ずあるはずです。それらをただ作成、確認して終わりではなく、内容についての意見や質問を交わし、見直すことで結果的にアプリがブラッシュアップされます。

依頼者としては、事前にどのタイミングでどんな報告が欲しいのか、また成果物やアプトプットに対する意見交換といったコミュニケーションの設計を、あらかじめ提示して主導していくのが理想的です。

優先順位をつけ、搭載する機能を決める

開発段階で必ずといっていいほど突き当たるのは、限られた開発期間と予算の中で、どの機能を持たせるか、という課題です。

私たちが機能についての要望を受ける際、よくあるケースとして、「競合のアプリに入っているものはとにかく全部入れてほしい」といわれることがあります。

たしかに必要な機能を検討するうえで、同業他社との比較は欠かせない工程です。ただし、だからといって、何の指標も持たないまま機能だけ真似るのはおすすめできません。

すでに先行し、それなりにユーザーを抱えた同業他社に対し、同様の機能を開発しても、ユーザー数が少ないリリース当初の段階では費用対効果が見合わない可能性が高いです。

そもそも同業他社のアプリが完璧なのかというと、まずそんなことはありません。

アプリに搭載した機能のうちよく使われるのは20%ほどにすぎず、15%はそこそこ使われ、残りの65%については滅多に使われないといわれます。つまり65%の機能は、ユーザーにほとんど価値を提供していないわけで、搭載した機能の使用率という点からいうと完璧とは程遠くなっています。これは他社のアプリでもまったく同様です。

なぜこうした状況になっているかというと、予想に反して使われなかった機能がいくつも出てくるということに加えて、滅多に使わないけれど必要な機能というものがあるからです。たとえば鉄道会社のアプリなら、遅延証明書発行の機能が該当します。

こういった点を前提としつつ、具体的にどのような機能を搭載するのかという議論に入る必要があります。

アプリの機能は大きく、必ず必要な機能（Must）、あるべき機能（Should）、あったら良いなという機能（May）の三つに分けられます。Mustでしかもコンセプトと深く結びついてい

アプリ機能の優先順位

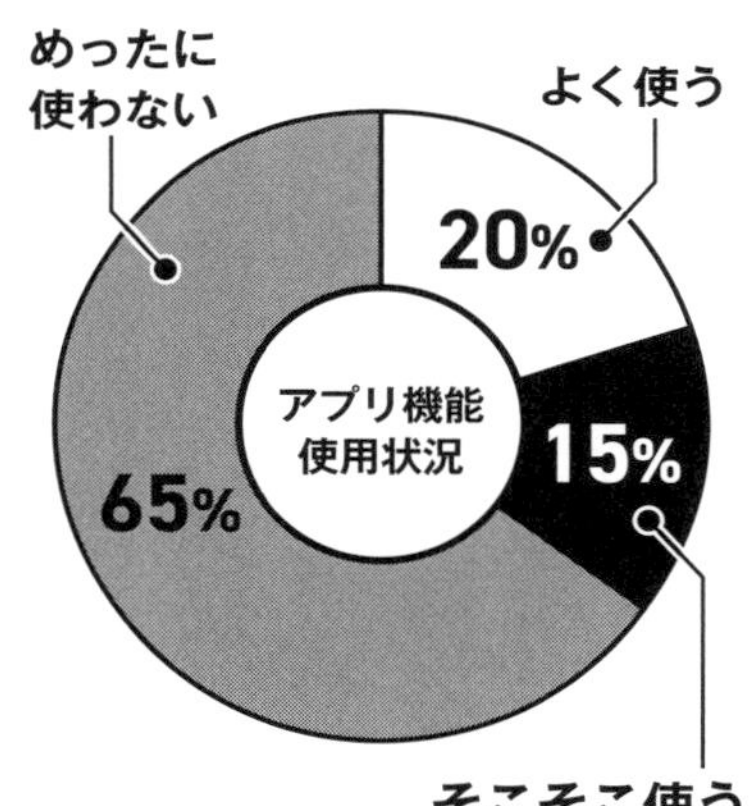

アプリ開発：優先機能メモ

Must :
Should :
May :

るような機能は、100%の出来での搭載を目指すべきです。それ以外については、ひとまず開発段階での優先順位をつけて開発するでしょうが、難しいのはこの優先順位づけです。

Must機能とShould機能に絞り込み、決め打ちで開発を進めていくのか、それともMay機能までとにかくスピード重視で作り上げ、後に要不要を判断して削っていくのか、いくつかのアプローチがあります。

ただし先ほども述べた通り結局は、すべての機能がユーザーに使われ続けるわけではありませんし、開発段階でShould機能だったものが、思いのほか活用されないケースもよくある話です。

したがってMust機能にはしっかりと時間とコストをかけつつ、Should機能やMay機能はまずパイロット版で作り、市場の反響や使われ方を見て継続的に改善していくというように、機能ごとにアプローチを変えることが開発期間やコストの最適化につながります。

逆にいうと、一度の開発だけで、真に価値の高いプロダクトが生まれることはまずありません。市場に出して初めてわかることは数多くあり、それを検証し継続的な改善を行ってはじめて、ユーザーに提供する価値が上がっていきます。

開発段階においても、リリース後に利用実態を分析して改善を行うのを前提に、機能の取捨選択を計画する必要があります。

〝自分目線〟の品質にこだわりすぎると失敗する

開発の進捗に関わるキーワードのひとつが、品質です。

依頼者の側からすれば、開発期間は短く、コストは低く、そして品質は高いほうがいいわけですが、当然ながらそううまくはいきません。

例えば開発期間を平均より短くするなら、一般的には品質を高めるのは難しいです。仮に両立させるには、あるいは大量の人材を投入すれば何とかなるかもしれませんが、その分開発コストは跳ね上がります。かといって少数の人員で無理をして品質を求めれば、アプリのリリース後にバグがいくつも出てくる事態になりかねず、その修正対応に膨大なコストがかかります。ちなみに、基本設計時にバグに気づいたときと、稼働後にそれが見つかった場合では、修正にかかるコストは200倍もの差が出るといわれています。

現実として、開発期間、コスト、品質のすべてを完璧に叶えるのは不可能と考えておくべきです。

したがって開発にあたってはどれを優先するべきかという議論が求められるわけですが、開発期間とコストの両方を大きく左右するものこそ品質であり、それをどれだけ追求するかで、開発期間の長さや費用感が変わります。

では、そもそもアプリの品質とは何でしょう。

ユーザーにとって必要な機能を実現するのは前提として、何をもって品質とするかは諸説あるでしょうが、本書では「非機能要件」を一つの尺度とします。

非機能要件とは、アプリとしての機能そのものではなく、「実装された機能をいかに快適に、安全に使えるか」に関わる部分の要件をまとめたものを指します。

いくつか具体例を挙げるなら、アプリの操作性の良さ、見やすさといった、ユーザーがストレスなくアプリの機能を使いこなすためのユーザビリティや、タップすればすぐにその情報が表示されるというレスポンスなどは、非機能要件の最たるものです。

また、アベイラビリティ（どれくらいそのシステムが正常に作動し続けられるか）も、重要な要件です。システムが永遠にダウンせず稼働し続けることが理想ですが、それは不可能に近いため、システムがダウンしても迅速に復旧できるか、ということもアベイラビリティに含まれます。メンテナンスやアップデートについても、どれほどの頻度で行う必要があるかで、ユーザーにかかるストレスが変わります。

利用者が一気に増えるなどでシステムやネットワークに対する負荷が増大した際にもアプリがトラブルなくスムーズに動き続けるには、スケーラビリティ（負荷の増大に対応できる度合い）の担保が求められます。

加えて、特に開発コストに影響を与えるのが、セキュリティです。

現在のアプリでは、個人情報や決済情報などの重要な情報を取り扱う場合があります。このため、セキュリティを考慮したシステム設計が必要になります。悪意を持つ他のユーザーによってアプリに保存されている個人情報やクレジットカード番号などが漏洩する可能性があるため、重要情報はアプリやアプリと直接通信するアプリサーバーに保存しない設計を心がけ、システム全体でセキュリティを担保できるようにすることが肝要です。

こうした背景もあり、大企業などからは「とにかく最高レベルを」という依頼を受けることが多いのですが、本当に最高峰を目指すとなると、品質過剰になる恐れがあります。

アプリでいうと、OWASP（Open Worldwide Application Security Project）というセキュリティ基準があり、その最高レベルは3なのですが、実際には金融機関のアプリですらレベル2に到達できていないのが現状で、3を目指すにはそれこそ新たな技術を自社で開発するという次元の話になってしまいます。一般的に安全とされるレベルからどこまで上を目指すのか、よく検討すべきです。

どこまでアプリの品質を求めるか

この例は顕著なのですが、実はこうした非機能要件で定義される品質を80％ほどの完成度まで持っていくのはさほど難しくありません。残り20％をどこまで追求するかというのが、開発期間やコストに大きく関わってきます。

セキュリティでいうなら、一般レベルを80％、レベル3を１００％とする場合、80までは既存技術で問題なく担保できるでしょう。しかしそこから先の20％を満たすのが大変であり、それだけで開発期間とコストが何倍にも膨れ上がる可能性があるのです。

またアプリ開発固有の要件でいうと、ＯＳや端末のバリエーションをどこまで対象にするかで、テストや修正の工数などが変わります。これもまた、100%を目指せば開発期間とコストが膨れ上がる典型的な例です。

端末については、OSのメジャーバージョンに対して最新の3バージョンをおさえればユーザーの約80%をカバーできます。しかし100%を目指すなら、テストすべき端末の数が一気に20以上に増え、工数が跳ね上がるのです。なおテスト自体も、すればするほど品質が上がるわけではなく、品質はどこかで頭打ちとなります。しっかりとテスト計画を立てて、市場に投下するに値する品質かどうかを判断する必要があります。

どれくらい品質を追求すべきかを考える際のポイントは、顧客目線です。「品質はできるだけ高いほうがいい」という自分たちの視点より、「ユーザーがどのレベルを求めるか」という顧客視点を基に適正な品質を定めていくべきです。

アプリ開発のフロントエンドとバックエンドとは?

アプリにおいて「開発」というと、多くの人がイメージするのはフロントエンドの開発です。

フロントエンド開発は、ユーザーが直接操作するインターフェースを担当します。具体的には以下の領域を担います。

- ユーザーインターフェース（UI）のデザインと実装
- ユーザーエクスペリエンス（UX）の最適化
- レスポンシブデザインの実現（様々なデバイスに対応）
- クライアントサイドの処理やインタラクション

フロントエンド開発の主な目的は、ユーザーにとって使いやすく、視覚的に魅力的なインターフェースを提供し、優れたユーザー体験を実現することです。

一方でバックエンド開発は、ユーザーには直接見えない部分で、アプリケーションの中核機能を担当します。

- サーバーサイドのロジック実装

・データベースの設計と管理
・API（アプリケーションプログラミングインターフェース）の開発
・セキュリティ対策の実装
・サーバーのパフォーマンス最適化

バックエンド開発の主な目的は、アプリケーションの機能を正確かつ効率的に実行するための信頼性の高いシステムを構築することです。

ちなみに、フロントエンドとバックエンド、それぞれに工数がかかりやすい内容には、以下のようなものがあります。

〈フロントエンド開発の工数要因〉

・複雑なUIデザインの実装
・多様なデバイスやブラウザへの対応

- アニメーションや高度なインタラクションの実装
- パフォーマンス最適化（特に大規模なシングルページアプリケーション）

〈バックエンド開発の工数要因〉

- 複雑なビジネスロジックの実装
- 大規模なデータ処理や分析機能の開発
- セキュリティ対策の徹底
- スケーラビリティを考慮したシステム設計
- レガシーシステムとの統合や移行

バックエンド開発について、もう少し詳しく説明しましょう。バックエンドとはアプリを稼働する際のサーバー側の機能であり、データの保存や検索、認証、データ処理など、アプリの中核的な機能を担います。フロントエンド（UI）からのリクエストに応じてデータを処理し、送り返す役割を果たします。バックエンドの設計と開発は、アプリケーションの安定性、スケーラビリティ、セキュリティなどに直接影響を与えるため、アプリケーション開発において非常に重要です。

例えば既存のウェブアプリをモバイルでも展開すべく、新たに開発を行うとします。モバイルとウェブというフロントエンドで同じ機能を持たせたいなら、本来、共通のバックエンド機能を利用する設計が望ましいです。しかし実際には、開発期間やコストの観点から既存のバックエンドシステムの設計見直しをせずに、モバイルアプリの開発を進めるケースが目立ちます。

既存システムを変えないという制約の中で無理にモバイルアプリを作ろうとすると、結果としてシステム全体が複雑化し、トラブルが発生するリスクが高まります。

そのため新たにモバイルアプリを追加する際には、システム全体の設計を見直し、最適化するのがおすすめです。たしかにそれで工数は増え、コストもかかりますが、先ほど述べたとおりトラブルが起きてから対処すると200倍もの工数とコストが求められるのを考えれば、最初から設計を最適化しておいたほうがトータルコストをおさえられる可能性が高いです。

旧アプリからのアップデート開発と運用

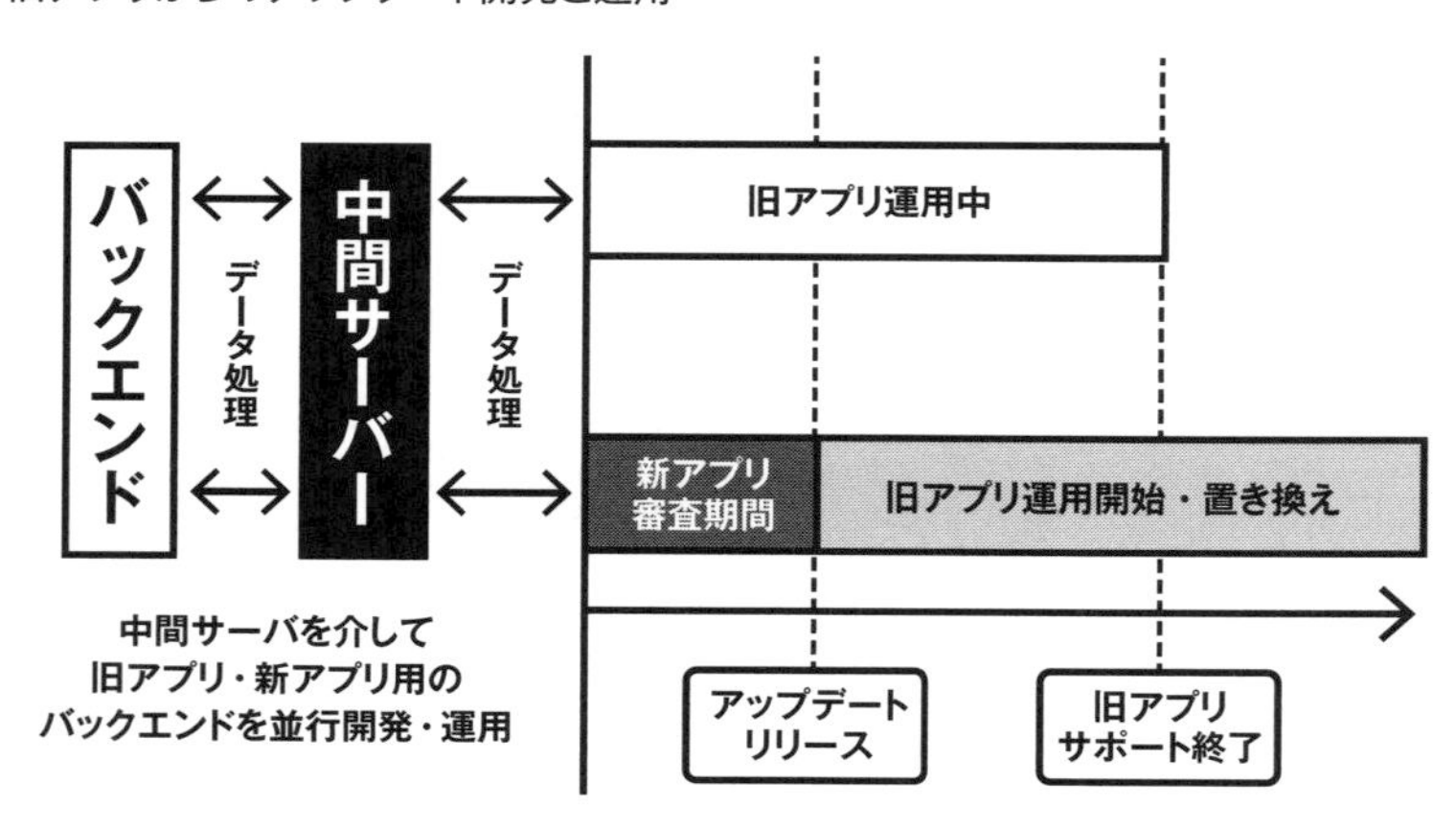

また、アプリとバックエンドの開発が並行する場合は、アプリの動作検証用のバックエンドやモックサーバーなどの代替環境が必要になります。これらの準備にはコストや時間がかかりますが、開発プロセスをスムーズに進行させるためには欠かせません。

アップデートについても述べておくと、アプリのアップデート時には新旧のバージョンが混在することになります。新しいアプリをストアに公開する際の審査期間中には、新アプリに対応したバックエンドサービスをリリースしておく必要があります。しかしながら、審査期間中にユーザーに公開されているアプリは旧バージョンであり、新旧のアプリが混在した状態でバックエンドも正常に動作しなければなりません。

それを実現するにはアプリとバックエンドの間に中間サーバー（アプリサーバー）を設置し、強制アップデートの仕組みを導入するなどの対策が有効です。このような工夫によって、アプリ側のアップデート時にかかる開発工数を低減できます。

昨今では、個人情報や決済のための情報など重要情報をアプリで取り扱うため、セキュリティを考慮したシステム設計が必要です。アプリはユーザー側で動作するプログラムであり、そこに重要情報を保存する設計にすると、悪意を持ったユーザーに解析されるリスクがあります。システム全体でセキュリティを担保できるよう、顧客側でセキュリティの専門家によるチェックを行うべきです。

デザイナーとのコミュニケーションにより UI／UXの質が変わる

他のシステム開発とは異なるアプリ開発の特徴として、UI／UXの重要度が高いことが挙げられます。どれほど機能が優れたアプリであっても、誰もが直感的にかつ不具合なく使えなければ、世に広まることはないでしょう。

アプリのUI／UXについて考えるにあたり、もっとも重要な役割を担う人材としてスポットを当てたいのが、デザイナーです。

いくら優れたプロジェクトマネージャーやエンジニアがいても、デザイナーとのかかわり方次第では、UI／UXが非常に悪い仕上がりとなりかねません。

開発にあたっても、いかにデザイナーとコミュニケーションを取りながらアプリをデザインするかが、プロジェクトの成否を分けます。この点を軽視し、機能性ばかりを追求していると、思わぬ落とし穴にはまります。

そして実はこの落とし穴は、依頼するデザイナーの選定の段階から、すでに足元にぽっかり口を開けています。

デザインを発注する候補先としてよく挙がるのが、自社のホームページなどを手掛けてくれたウェブデザイナーや事務所でしょう。ウェブページをデザインできるのだから同じようにアプリも作れるだろうと思うかもしれませんが、実は違います。

ウェブページ制作の知識しかないデザイナーが、アプリならではのUI／UXの要素を考慮するのは至難の業です。これはグラフィックデザインやエディトリアルデザインを専門とするデザイナーにも当てはまります。デザインのプロということでひとくくりにして、おしゃれさや斬新さ、他よりも目立つことばかりを基準にデザイナーを選定すると、アプリ開発では失敗するリスクが高くなります。

UI／UXという視点でも、おしゃれさや斬新さが正解になるとは限りません。ユーザーの年齢層や属性、アプリを利用する時間帯といったペルソナごとにデザインの最適解は変わります。ペルソナによってはビビットな色遣いや目を引く芸術性よりも、目への負担が少ない淡い色使いで、文字も大きくわかりやすいデザインのほうがいいわけです。一例を挙げると、鉄道会社のアプリなどは、万人に受け入れられるようあえて突飛なものにはなっておらず、色弱の方でも見やすいよう色のトーンを落としたデザインが採用されています。

また、いくら優れたデザインであっても、インターフェースに落とし込めなければ意味がありません。例えばタップするボタンのサイズが小さすぎて押せないようなデザインに、実用性はないのです。デザイン作業自体も、単にPhotoshopのようなデジタルツールを使えばいいわけではなく、それをエンジニアがコードに落としてプログラミングするという工程を想定したうえで、受け渡しがスムーズになるような工夫ができる人のほうがいいでしょう。このあたりは、エンジニア側にも相互理解が求められます。

したがってデザイナーとしても、最初からユーザーのペルソナに合わせたUI／UXについて配慮し、エンジニアができることとできないこともある程度理解したうえでアプリデザインを行えるようなデザイナーを選ぶことが大切です。

なお、iPhoneやAndroidでは、よりユーザーフレンドリーなアプリを作るためのデザインガイドラインを設けています。これらは長年積み重ねられてきたUI／UXの研究に基づいて策定されたものです。このガイドラインに従ってデザインを作れるノウハウをもっているかどうかが、デザイナー選定の際の一つの基準となるはずです。

もし外部のデザイナーを採用するなら、やはりアプリを専門にデザインしてきた人材や事務所がいいでしょう。

なおデザイナーにプロジェクトに参加してもらうタイミングは、早ければ早いほどベストです。本書でいう第一ステップから関わり、プロジェクトの背景や目的、ユーザーのペルソナまでしっかりとコンセプトを理解したうえでデザインに入るほうが、UI／UXの質が高まるのは間違いありません。

ちなみにアイリッジでは、提案段階からデザイナーが参画し、インターフェースの画面デザインをコンセプトに沿う形でアウトプットするなど、提案段階の資料作りにもデザイナーが伴走するケースが多いです。

ウェブデザイナー＝アプリデザイナーではない

デザインにおいてもっとも重要なのが、アプリのトップ画面です。UXの原則では、トップ画面は「シンプルで直感的」であるべきとされ、情報量はできるだけ絞り込むほうが良いです。

しかし、アプリで実装する機能が多い場合などは、多くの関係者が自部門の情報をトップ画面に掲載したいと考えるものです。結果的にトップ画面に大量の情報が詰め込まれ、ユーザーにとって利用しづらいデザインが出来上がることがあります。

そうならないためには、アプリの画面デザインを決定する責任者を明確にしてその人に決定権を持たせるのが望ましいです。合議制を採用する場合でも、できるだけ少数のメンバーに限定すると画面デザインの決定スピードが上がり、開発期間やコストの増大をおさえられます。

画面デザインでは、iOS/Android のデザインガイドラインの違いや、スマートフォンやタブレットでの縦横表示、解像度の段階的な考慮など、実装レベルで考えなければならない多くの要素があります。

これらの要素をすべて理解、実現するのは専門家ではないと難しく、発注元に実装に関する知識がないまま詳細なデザインの指定や指摘が入ると、実装までの工数が増大し、開発期間やコストに影響を及ぼしかねません。

できればデザイン業務は一貫して外部のプロフェッショナルに委託するのが望ましいです。仮に発注元でデザインを行うにしても、自社で行うのはコンセプトレベルでのデザインやトップ画面など主要な部分に限定し、その他の詳細はやはり開発ベンダーに任せるべきです。発注元としては、ベンダーが作成したデザインがコンセプトから逸脱していないか、レビューを通じてチェックする程度に留めるとよいでしょう。

なお、外部の会社にデザインを委託する際、注意が必要なのがデザインデータの取り扱いです。デザインデータの著作権は基本的にデータを作成した側にあることを認識しておく必要があります。

たとえアプリの宣伝やプレゼンテーションのためであっても、開発目的以外でそのデータを利用する場合には著作者の同意が必須です。開発目的以外での利用を想定しているなら、その利用用途を明確にした上であらかじめ契約を結んでおかねばなりません。

第4章まとめ

STEP 2
作る（開発）

（要件定義・設計・開発）

フルスクラッチ開発とフルパッケージ開発、
それぞれにメリットとデメリットがある

開発手法を組み合わせるのが現在のトレンド

ベンダー選びでは「質問」の質がとても重要

目的に合わせて機能を省く発想も必要になる

最高品質よりも最適な品質を求めよう

コラム

徹底したお客様視点でアプリを開発、運用 〝コーナンアプリ〟で描くDX戦略と未来

コーナン商事の「コーナンアプリ」は、クーポンや最新チラシ情報、店舗検索など便利な機能が満載のスマホアプリです。コーナンPａｙを使ったスムーズな支払いも可能で、特典情報も簡単にチェックできます。簡単操作でお得な情報を逃さずゲットできる、ショッピングをさらに楽しむための必須ツールです。

コーナン商事株式会社

１９７８年設立、全国展開する大手ホームセンターチェーンです。ＤＩＹ用品、ガーデニング用品、日用品、インテリアなど幅広い商品を取り揃え、日常生活をサポートしています。お客様第一のサービスを提供し、「顧客・社会への貢献、従業員の幸福・繁栄を求め、企業の発展を図る」ことを経営理念としています。

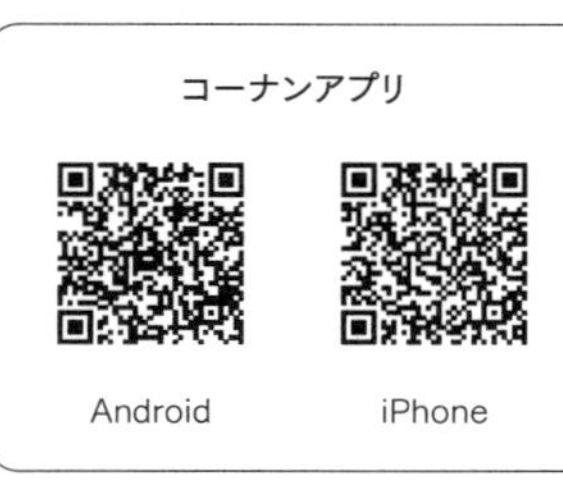

インタビュー

コーナン商事株式会社

上席執行役員　販売促進部長　**濱野 崇 様**

アプリ開発では、技術力に加えコミュニケーション力を重視

初めてスマートフォン向けアプリの開発を行ったのは、2018年でした。

当時、販促活動の中心は新聞の折り込みチラシでしたが、新聞自体の発行部数の減少に歯止めがかからない状態で危機感を覚えていました。お客様にお買い得情報を届けづらい環境になってきており、新たな販促ツールを

検討する必要があったのです。

また、広告がマスメディアへの出稿だけだったのも課題。どのようなお客様がどんな商品をお買い上げになるのかといった定量的なデータが得られませんし、広告の費用対効果も明確にはわかりません。

直接お客様にアプローチでき、販促活動やデータ取得が可能な新たなタッチポイントが作れないか——。そんな問いの最適解として、アプリの導入に至りました。

ちょうどその頃、ホームセンター業界ではあまり事例のなかったハウスカードの導入プロジェクトも動き出していて、共通ポイントをはじめとした新たな試みを行うことも決まっていました。それを叶えるための手段の一つとしても、アプリが有望視されたのです。

とはいえ、具体的にどのようなアプリが自社にフィットするのか、明確にはイメージできませんでした。まずはスピード重視で必要最低限の機能を持ったアプリを作ってみようということで、パッケージを利用したアプリ開発を行いました。そうしてできた初期のアプリは、決済機能付きのハウスカードという役割以外は、ホームページで配信するような情報が確認できる程度の簡易的なものでした。

その後、世の中的にもアプリが担う役割がどんどん広がっていく中で、当社でもアプリで実現すべき要件が新たに増えてきました。結果、当初のパッケージアプリのままでは機能の拡張性や他のシステムとの連携などに課題が出てきたのです。

そこでアプリのリニューアルを行うことになり、お客様からのニーズが非常に高いクーポン機能などを備えた新たなアプリを開発すべく、パートナーを探し始めました。

なお新装にあたってのベンチマークとしたのが、同じ小売業界のニトリ様とファミリーマート様のアプリです。ともにダウンロード数が多く、かつお客様からの評価も高い成功事例といえます。そしてその開発ベンダーとして両社に名前があったのが、アイリッジさんでした。それでぜひコンペティションにご参加いただきたく、お声がけしたのが出会いのきっかけです。

コンペティションでは、こちらからいくつか要件を挙げていましたが、大きな焦点のひとつが決済機能でした。

元のアプリにおいて、ハウスカードを活用した自社マネーを導入していましたが、電子決済可能にするにあたり、難易度の高い決済回りの機能をうまく調整できるパートナーを探していました。アイリッジさんは実績も豊富で、大手企業でも成功事例があるという点が安心材料でした。

技術力に加えてもう一つ重要視したのが、コミュニケーション力です。

自分たちはアプリ開発について、はっきりいえば素人であり、社内に専門家がいるわけではありません。そうした状況でも、当社の課題やお客様のニーズを的確に汲み取って、機能に落とし込んでもらうためには、コミュニケーション力が必須と考えました。アイリッジさんからのご提案は、課題やニーズに対する理解の深さが感じられ、それは事前のヒアリングをはじめとしたコミュニケーションの質の高さに裏打ちされたものでした。

そのほかに、アプリ導入だけではなくその後の運用と成長戦略についても具体的なご提案をいただけたという点も、社内の評価は高かったです。そうして、最終的にアイリッジさんをパートナーに選びました。

アプリは運用が肝心、徹底したお客様視点でブラッシュアップ

リニューアルに際しては、ＳａａＳサービスの導入などいくつかの手法を検討しましたが、既にある機能の拡張を考えるとやはりスクラッチ開発のほうが良いという結論になりました。

具体的には、CRM（顧客管理システム）との連携、クーポン機能の搭載、ストレスのないUI設計などを要件として、ワイヤーフレームを作成いただきました。そして、画面設計を一緒に検討しながら仕様を決定して、開発が進んでいきました。期間としては約半年程度でリリースとなりました。

なおプロジェクトには、アイリッジさん以外に、決済機能担当、顧客情報担当と二社のベンダーが参画しており、それぞれのシステムを含めた連携が必要でした。一社単独で進行するよりもはるかに難易度が高いものでしたが、半年でリリースまでこぎつけたのは、アイリッジさんのリーダーシップによるところが大きかったと感じます。

要件定義の段階から、経験の無い取り組みを想像し、アプリを設計していかねばならない——判断に迷う場面も多々ありました。自社にノウハウがない部分でしたから、本当に困ったのが本音です。そんな時でもアイリッジさんに相談を持ち掛けると、具体的な問題点や過去事例などの判断材料をすぐに提出していただけました。

例えば、レジ前でお客様が混乱しないようなアプリの画面設計や、サーバーに負荷がかかりそうなタイミング、またお客様からのお問い合わせが発生しそうな箇所など、具体的かつ的確なアドバイスからは引き出しの多さを感じました。また、サービスインに際して、規約に基づくリスクの回避策や商標登録についてなど、攻めだけではなく守りの開発・運用に対する意見もいただきながら、網羅的なプロジェクト推進をしていただいています。

リリース当初はいくつかの課題が出ましたが、それでも安定稼働でき、課題に対し粘り強く対応してもらえたというのも記憶に残っています。

運用フェーズでも、ＬＩＮＥを使った販売促進手段の拡充など新たな取り組みを、都度相談しながら並走してもらっています。検討の論点や留意事項などの具体的な提案をいただけるので、前向きな検討がスムーズにできていると感じています。体制としても、営業、ＳＥ、ＵＩ／ＵＸデザイナー、ＣＲＭ領域など各分野のスペシャリストがプロジェクトごとに参画し、体制の厚さが安心感につながっています。また、アプリ開発で大切なのはお客様にアプリをいかに使っていただくかだと思います。

例えば、ダウンロード促進のためには店舗従業員の協力が不可欠であり、どのようにすれば協力を得られるかというアドバイスや、ＭＡＵを高める施策例などを、アイリッジさんは我々にも「わかる言葉」で伝えてくれます。

アプリ開発だけに留まらず、ＫＰＩ設定、施策のプランニング、プロモーションに至るまで、マーケティング戦略全体の相談に乗ってもらっており、当社の戦略的パートナーとして力強く支援していただいている実感があります。

今、ホームセンター市場の環境は厳しさを増しています。

当社としても、一人ひとりのお客様をより大切にしていかねばなりません。

ただ、最新鋭のデジタル技術を取り入れてＤＸを実現するというよりは、徹底したお客様視点で愚直に向き合っていくというのが、当社らしいＤＸの在り方であると考えています。

そうしたお客様視点のデジタル戦略の基盤となるものの一つがアプリであり、引き続き改善を重ねていく必要があるでしょう。お客様はとてもシビアであり、真にご満足いただけるカスタマージャーニーを描くには、膨大な量のデータを蓄積、分析し、社内のシステムをシームレスに連携していかねばなりません。それを踏まえ、現在は店舗とオンラインのお客様情報の統合を推進している最中です。

今後も、お客様に引き続きご利用いただけるよう、「コーナンアプリ」の機能の拡充やサービスのブラッシュアップを続けていきます。

アプリプロジェクト成功への道
～運用編～

アプリ運用でつまずく理由を知る

アプリの開発が終わり、リリースに至っても、プロジェクトはそこで終わりではありません。しっかりと運用して持続的な成長を遂げ、目標達成に手が届いて初めて成功といえます。システム自体の運用からいうと、例えば配信対象数の多いプッシュ配信の時刻やテレビCMによるアプリの告知時刻、ユーザーにとって魅力的なクーポンやキャンペーンの開始時刻などは、多くのユーザーがアプリを起動し、サーバーにアクセスが集中します。その際サーバーがダウンしないよう、急激な負荷上昇にも耐えられるようなインフラ構成やプログラム設計が求められます。

また、OSアップデートやストア提出要件の変更、Apple/Googleの規約更新などに対応するため、アプリは定期的にアップテートしなければなりません。それを想定し、固定費として毎年、予算を確保しておく必要があります。特にOSのメジャーアップデート時など、アプリに対し影響力が大きな仕様変更が発生すると、想定外にコストがかかる可能性もある

PDCA サイクル

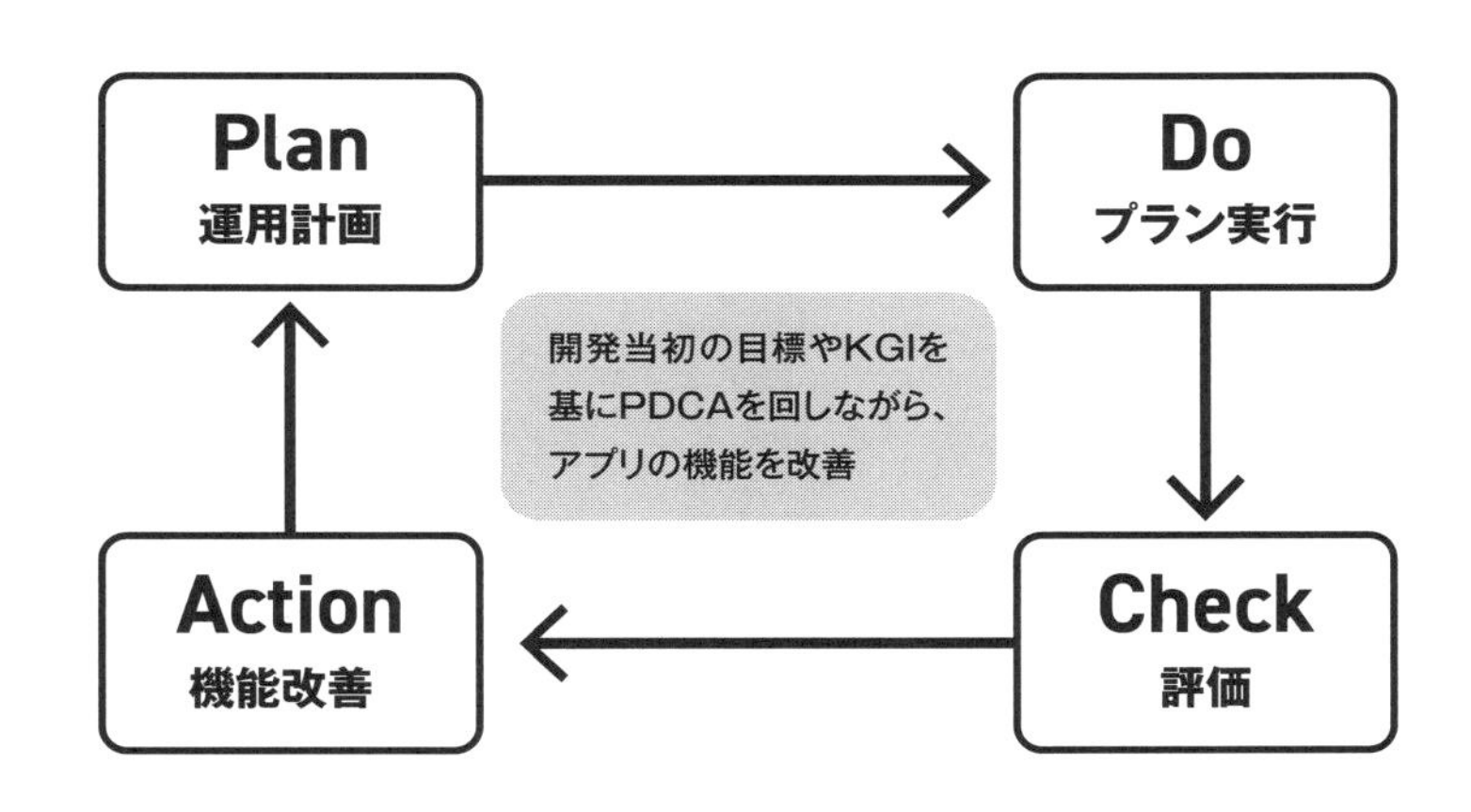

ので、予算には余裕を持ちたいところです。

アプリの運用では、企画や開発の段階で定めていた目標やKGI（重要目標達成指標）を目指しますが、リリースしてすぐに十分な効果を出すのは難しく、PDCAサイクルを回しながら改善していきます。

アプリのブラッシュアップにあたり、必要不可欠なのがKPIです。

ただ、運用のKPIがあいまいな状態で運用フェーズに入り、PDCAを回す準備もできていないケースは多いです。その結果、運用がなかなかうまくいかず、効果的な手を打てぬままプロジェクトが失敗に終わることもあるでしょう。

KPIというと、リリース後の指標としてダウンロード数ばかりを気にする会社もあります。そして「とにかくユーザー数を増やしたい」と広告費や販売促進費に予算を費やしていきがちです。

しかし、それだけでは意味はありません。たしかにダウンロード数は伸びるでしょうが、一方で休眠ユーザーを増やす可能性が高いからです。本来であればダウンロード数だけではなく、実際のユーザーのユーザー定着率やアプリ内の購買コンバージョンといった、成果を図るためのさまざまなKPIが、あらかじめ設定されているべきなのです。

また、アプリ運用でつまずいてしまう大きな理由のひとつは、企画段階での検討不足にあります。

例えば運用時の分析の基盤となるデータを取得するための設計や開発が不十分な場合、ユーザーの行動を把握できず、適切な改善もできません。仮に実行したいマーケティング施策があっても、そのために求められる機能が実装されていなければ実現が難しくなります。

さらに、アプリ運用ではアプリを通じて手に入れたデータを既存店舗やECなど他のデータと組み合わせ、より高い価値を生み出せますが、この相乗効果も事前に設計されていなければなりません。いきなりデータを連携しようとしても無理があります。

このように、企画段階で検討が不十分だったことが運用に悪影響を与えるケースは本当に多いです。

そしてまた、ＰＤＣＡサイクルを回してアプリをより良く改善する取り組み自体にも、課題が隠されています。

アプリを効果的に改善していくために求められるものは、ユーザーの声に真摯に耳を傾け、マーケットインの発想を徹底することです。

本来、ユーザーの声に基づいて機能改善や新機能追加が行われるべきですが、多くの企業ではプロダクトアウト型の開発、つまり開発者側が良いと思った機能を一方的に実装していくケースが多いのが実情です。これではユーザーの本当のニーズを掴めず、真に求められる改善が後回しになりかねません。

加えて新機能は次々と追加されるものの、使われていない旧機能はそのままにしておくため、アプリ内に無用な機能が蓄積されてユーザー体験が損なわれます。ユーザーのニーズが把握できていないからこそ優先順位がつけられず、「とりあえず残しておく」という選択につながります。

PDCAサイクルを回してアプリをより成長させるには、ユーザーの声に耳を傾ける姿勢と仕組みが不可欠です。デジタル時代に合ったマーケットインの発想を徹底し、ユーザーニーズを的確に捉えるのが肝心といえます。

なお先進的な企業では既に、ファンコミュニティを作るなどしてユーザーの声を積極的に取り入れ、アプリに反映する仕組みがあります。こうしてマーケットイン型の開発を実践するアプリは成長し続けています。ここで後れを取ってしまうと、アプリの成長も鈍化して、競合との差は開く一方になるかもしれません。

アイリッジでは、ユーザーのニーズや現在のアプリの状態を調査し、PDCAサイクルを回してアプリをより良く改善する、伴走支援が可能です。

本書の特典として、先着20社限定でアプリの無料診断を実施いたします。簡易的ではありますが、４つの診断を通してアプリの重要課題を抽出し、計画的なアプリ事業成長を推進する環境づくりをサポートします。

この機会にぜひご活用ください。

プロダクトの持続成長を目指す「ARRRA（アーラ）モデル」

アプリをより優れたものへと磨き上げるには、マーケットインの発想に加え、その時々で目指すべき具体的なKPIの設定が不可欠です。

その設定のためのひとつの道標が、マーケティング分野でよく活用されるフレームワーク「AARRR（アー）」モデルです。

このモデルは、プロダクト成長のための継続的な検証・改善を意味するグロースハックの文脈において、代表的なフレームワークとしてよく用いられるようになりました。ちなみに海賊の叫び声である「アー」の名から、「海賊指標」などと呼ばれることもあります。

AARRRモデルでは、ユーザーの行動を理解し、成長を促進するもので、Acquisition（獲得）、Activation（活性化）、Retention（維持）、Revenue（収益）、Referral（紹介）の5つの段階で構成されます。つまり、ユーザーを獲得し、アプリを利用してもらい、定着化させ、収益を上げ、さらに新規ユーザーに紹介してもらうサイクルとなっているのです。

マーケティング業界では比較的よく知られたこのフレームワークの内容を紹介するとともに、それぞれの代表的なKPIと、具体的な事例も併せて示していきます。

1. Acquisition（獲得）

新規顧客にアプリの存在を知ってもらい、ダウンロードし利用してもらう、ユーザーを獲得する段階です。ソーシャルメディア広告、検索エンジン最適化（SEO）、口コミ、インフルエンサーマーケティングなど、様々なマーケティング戦略が用いられます。その際の主な

ＫＰＩとなるのは、ダウンロード数や新規会員登録数などです。

ＫＰＩの具体例

ユーザー獲得コスト（ＣＡＣ）：新規顧客を獲得するためにかかった費用
ウェブサイト訪問者数：アプリのランディングページや関連ウェブサイトへの訪問者数
ダウンロード数：アプリのダウンロード総数

事例

ある健康管理アプリが、フィットネス関連のキーワードでＳＥＯを最適化し、ＳＮＳのインフルエンサーによる紹介キャンペーンを行いました。これにより、目標とするユーザーセグメントへの露出が増え、ＫＰＩであったアプリダウンロード数が向上しました。

2. Activation（活性化）

ユーザーがアプリを初めて使用する際に、ポジティブな体験からアプリの価値を理解してもらうことが目標の段階です。具体的には、チュートリアル、初期設定の簡素化などを行います。

KPIの具体例

アクティベーション率：アプリをダウンロードして実際に使用を開始したユーザーの割合
初回セッションの長さ：ユーザーがアプリを初めて使用した際のセッション時間
オンボーディング完了数：アプリの導入プロセスを完了したユーザー数

事例

ある健康管理アプリでは、ユーザーがアプリを初めて開いた際に、簡単なチュートリアルと健康目標設定のガイドを提供しています。これにより、ユーザーはアプリの使い方をすぐに理解し、自分に合わせてカスタマイズできます。その機能は想定どおりうまく作用し、オンボーディング完了数が目標を上回りました。

3. Retention（維持）

アプリを継続的に使用してもらうためには、ユーザーが継続的に価値を感じることが重要です。その方法としては、定期的なコンテンツ更新、エンゲージメントを高める機能追加、パーソナライズされた通知などがあります。

KPIの具体例

リテンション率：特定の期間後にアプリを再び使用しているユーザーの割合
チャーン率（離脱率）：特定の期間内にアプリ使用を停止したユーザーの割合
日次／週次／月次アクティブユーザー数（DAU／WAU／MAU）：一日、一週間、1カ月の期間内にアプリを使用したユニークユーザー数

事例

ある健康管理アプリにおいて、ユーザーの進捗に応じてカスタマイズされた健康情報やチャレンジを提供し、運動の記録や食事のログを継続的に促しました。するとリテンショ

ン率が高まり、反対にチャーン率は低下して、共にKPIを上回りました。

4. Revenue（収益）

アプリからの収益を生成する段階では、有料サブスクリプション、アプリ内広告、アプリ内購入など、様々な方法があります。

KPIの具体例

収益：アプリからの総収益
ユーザーあたりの平均収益（ARPU）：ユーザーや購入者一人当たりの平均売上
ライフタイムバリュー（LTV）：一人の顧客が生涯を通じて事業にもたらす推定総収益

事例

ある健康管理アプリでは、基本機能は無料ですが、詳細な健康分析レポートや専門家による個別指導などのプレミアム機能については、サブスクリプションモデルで提供しています。

5. Referral（紹介）

既存のユーザーが友人や家族をアプリに招待することによって、新しいユーザーを獲得します。紹介プログラムやソーシャルシェア機能の提供が有効です。

KPIの具体例

紹介による新規ユーザー数：紹介プログラムを通じて獲得した新規ユーザー数
紹介率：ユーザー一人当たりが紹介した新規ユーザー数
バイラル係数：既存のユーザーが新規ユーザーをどれだけ生み出しているかを示す指標

事例

ある健康管理アプリでは、既存ユーザーが新規ユーザーにアプリを紹介すると、両者にプレミアム機能の無料トライアルを提供しています。これにより新規ユーザーの獲得と新規・既存ユーザー両方の満足度を上げることができます。

AARRRモデル

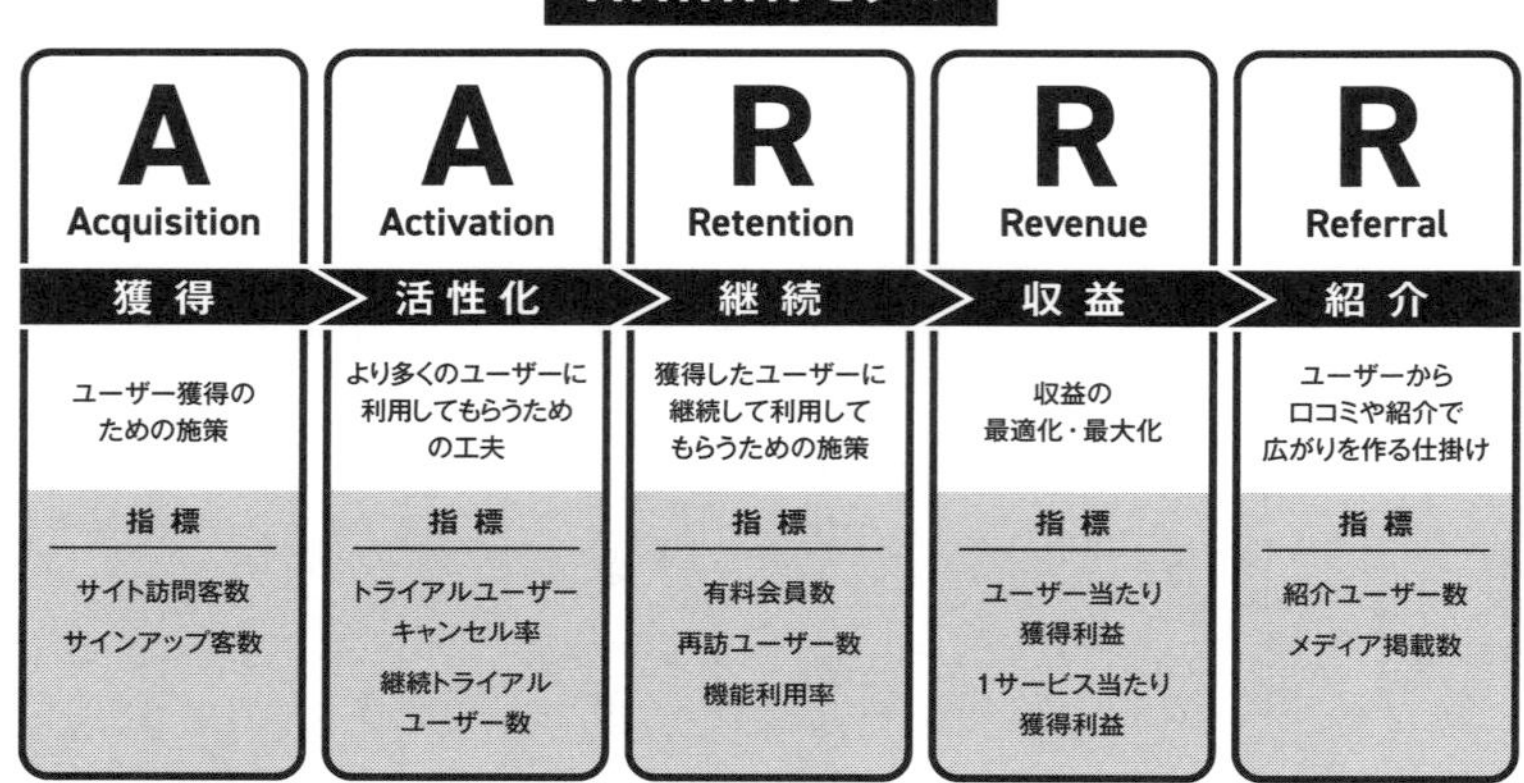

ＡＡＲＲＲモデルを通じて、ユーザー獲得から収益化までのプロセスを体系的に把握できるとともに、自社のアプリを俯瞰的に分析できます。また、例えば利用促進のためにオンボーディングを改善したり、定着のためにプッシュ通知を活用したりと、より具体的な施策を行うのも可能となります。

ただ、このＡＡＲＲＲモデルには一つ課題があります。獲得を最初に置くことでユーザーが定着しないうちから新規獲得に注力し、休眠ユーザーを増やしてしまうのです。

その点を改善したのが、近年使われるようになった「ＡＲＲＲＡ（アーラ）モデル」です。

ARRRAモデル

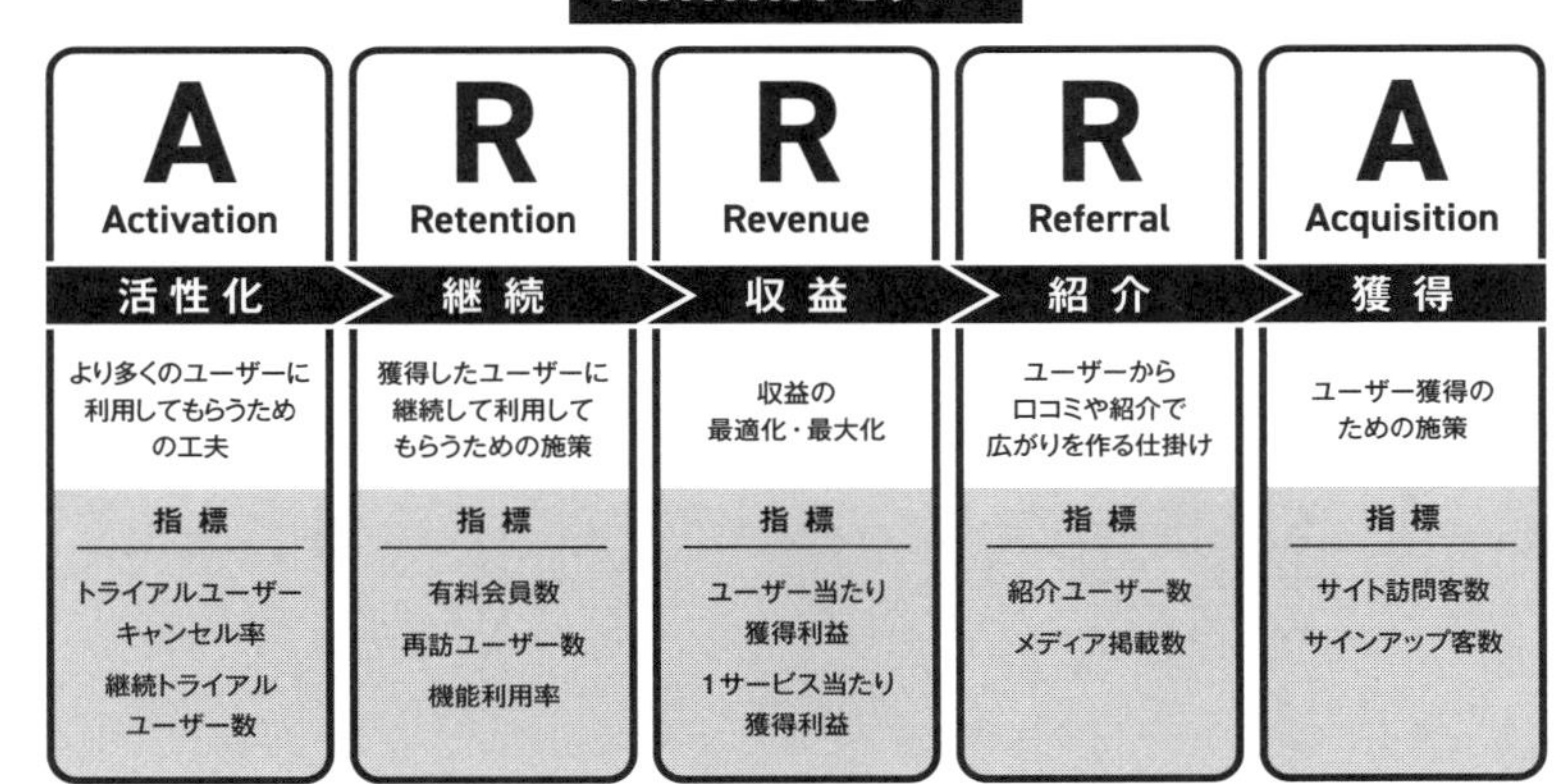

AARRRモデルと比較すると、ひとつのAの位置が最後尾になっているのがわかります。このAは、先頭にあったAcquisition（獲得）で、実は大きな意味があります。

最後の段階までユーザー獲得をせず、二番目のAであるActivation（活性化）からスタートする最大の狙いは、ユーザー体験の向上にあります。つまり、ユーザーがアプリを導入したタイミングから、Retention（維持）、Revenue（収益）、Referral（紹介）とそれぞれの段階においての課題を解決し、より良いユーザー体験を作るのを最優先にするのです。

各ステップが成功し、ユーザーが定着して収益がしっかりと出る状況を確保したうえで、満を持してユーザー獲得へ進むのがＡＲＲＲＡモデルの特徴であり、アプリ運用においても、より実践的な手法といえます。

ＮＳＭとＫＧＩ／ＫＰＩツリー、どう組み合わせるか

第３章のＮＳＭとＫＧＩ／ＫＰＩツリー（75ページ参照）をＡＲＲＲＡモデルのフレームワークを用いて策定すると、例えば次のような流れで設定および運用を行います。

ステップ１：ＮＳＭの定義

ユーザーのプロダクト体験を中心に据えたＮＳＭを特定します。このメトリックは、アプリの核となる価値提案と直接関連しているものでなければなりません。例えば、エンゲージメントや満足度を高めるのがアプリの目標なら、ＮＳＭとして「日次アクティブユーザー数」

や「セッション中の平均画面遷移数」など、ユーザーがアプリでどの程度アクティブに行動しているかを示す指標を選びます。

ステップ2：KGIの設定

NSMを実現するためのKGIを定義します。KGIはNSMの実現を支援し、アプリのユーザー体験の質を直接向上させるものでなければなりません。例えば、「ユーザー満足度スコアの向上」や「新規登録からアクティブユーザーへの転換率の向上」などが考えられます。

ステップ3：KPIの洗い出し

各KGIを達成するために日々追跡する必要があるKPIを洗い出します。これらのKPIは、ユーザープロダクト体験の各側面を測定するもので、具体的な行動や改善策に直結している必要があります。例えば、「アプリ内でのクリック率」、「チュートリアル完了率」、「フィードバックフォームの送信数」などがあります。

NSMとKGI／KPIツリーの設定と運用のステップ

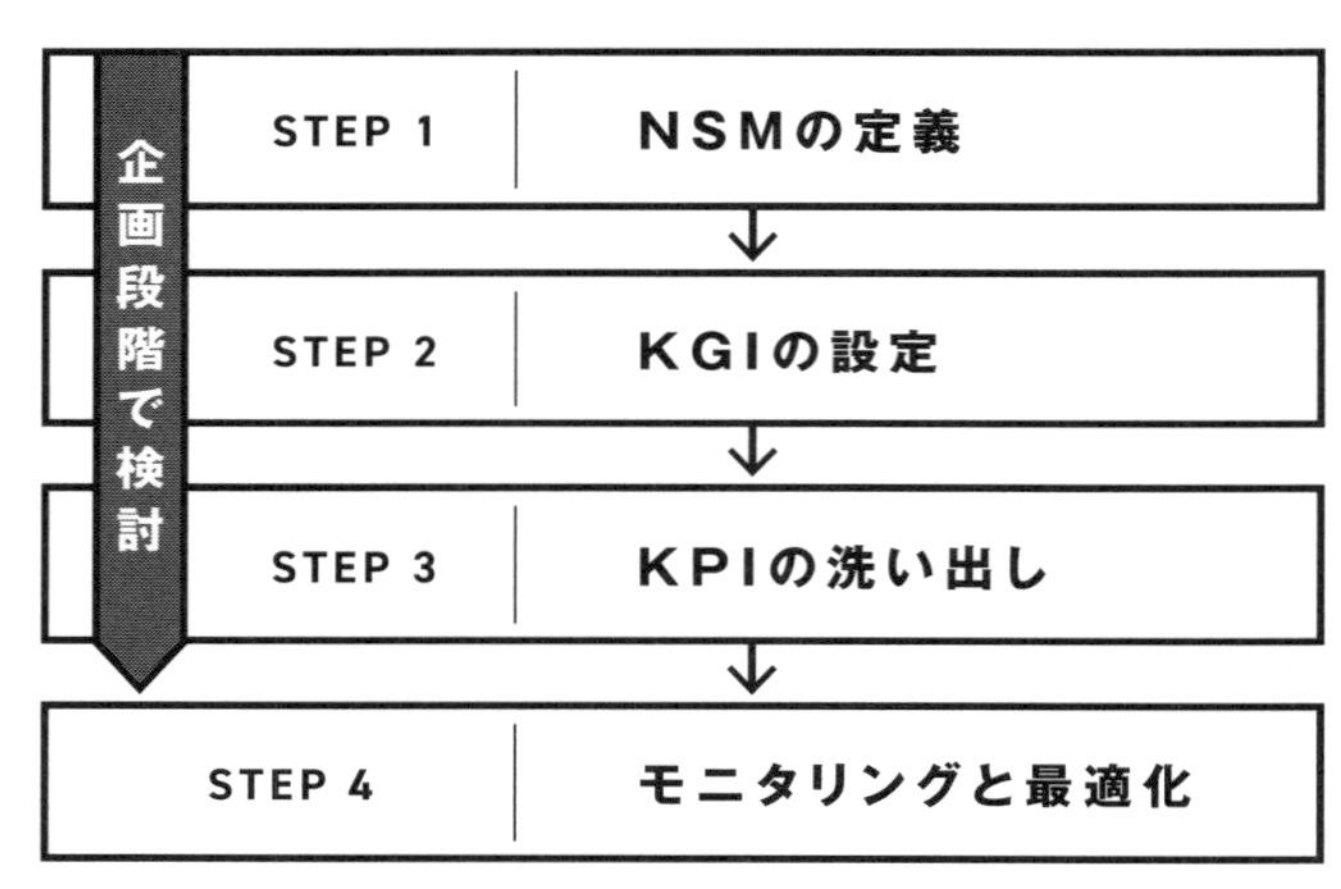

ステップ4：モニタリングと最適化

定義したNSM、KGI、およびKPIを定期的にモニタリングし、パフォーマンスの分析を行います。これにより、ユーザーのプロダクト体験のどの部分がうまくいっているか、または改善が必要かを特定できます。

データに基づいて戦略を調整し、必要に応じて新しい機能の開発、UI／UXの改善、顧客サポートの強化など、具体的な改善策を実施します。

運用段階になって、実は追うべきKPIがデータとして取得できないという事態にならないように、〝ステップ3：KPIの洗い出し”までは企画段階で検討することを強くおすすめします。

また、これらを展開していく中でのポイントは、チーム全体でNSMとKGIやKPIについてコミュニケーションを取ることです。各人が目標と成果を共有するとプロジェクトに対し一丸となって取り組むようになり、モチベーションの向上につながります。

こうしたアプローチによって、ユーザーの満足度やエンゲージメントを高めていくことが、持続的な成長へとつながります。

KPI達成のために用いるべき、二つの手法

KPIが定まったら、その達成に向けて具体的な行動を積み上げていきます。

アプリ運用において、KPI達成のための主な選択肢が、「機能の改善や追加」と、「マーケティングによる利用促進」の二つです。これらを両輪としてKPIを目指し進んでいくのが重要です。

この際の前提がユーザーの声であり、アプリのレビュー、カスタマーサポートからのフィードバック、ソーシャルメディアのコメントを集めるとともに、アンケートやインタビューを行うなどして、ユーザーが何を求めているかをしっかり掴んでおく必要があります。それとともに、アナリティクスツールを使用して、アプリの使用状況、ユーザーエンゲージメント、離脱率といったデータも収集します。

ユーザーのプロダクト体験の向上を目指すなら、実際の声や動向データを通じてユーザー理解を深めていくのが、新たな成長の鍵となります。

最初から完璧なアプリなどまず存在しませんから、そうしてユーザー理解を深める中で、問題点や改善すべき点が特定できるはずです。

そして実際に「機能の改善や追加」を行うときに活用できるのが、「プロダクトマネジメント」の手法です。

プロダクトマネジメントは、製品と顧客を軸として、ライフサイクル全体を通じて行うべきマネジメント活動を指します。そのプロセスは、課題抽出にはじまり、プロダクトが市場から撤退するまで続くものです。市場に出たプロダクトに対するユーザーの声を踏まえて機能を改善し、価値を最大化します。アプリの運用フェーズでは、例えば次のような形で実行されます。

①問題点の特定：収集したデータとフィードバックを基に、ユーザー体験の問題点や改善の必要性がある機能を特定します。
②優先順位の決定：問題の重要性と緊急性を評価し、リソースの制限内で解決すべき課題の優先順位を決定します。
③改善計画の策定：優先順位に基づいて、具体的な機能改善や追加の計画を立てます。この際、タイムラインと目標を明確にします。
④仕様書の作成：改善または追加する機能の詳細な仕様を定義します。
⑤開発：開発チームによる柔軟かつ効率的な開発を目指します。
⑥テストと品質保証：開発された機能が仕様に合致しているかを確認し、バグや問題点を洗い出して修正します。
⑦リリース計画策定：改善されたアプリのリリース日を決定し、リリース計画を立案します。

⑧マーケティング：新機能や改善点をユーザーに伝えるためのマーケティング戦略を立て、実施します。

⑨効果の測定：アップデート後のユーザーフィードバックと使用状況のデータを収集し、改善の効果を評価します。

⑩継続的な改善：フィードバックとデータ分析を基に、さらなる改善点を特定し、ふたたび新たなプロダクトマネジメントのサイクルに入ります。

プロダクトマネジメントにあたっては、ユーザー中心のアプローチを採用し、データに基づいた意思決定をすることが重要です。またこのプロセスを継続的に行うことで、市場やユーザーの変化にも対応でき、アプリは持続的な成長を遂げます。

続いて「マーケティングによる利用促進」についてですが、私たちがお客様の運用サポートを行う際、必ず実施しているのが、「One to One（ワン・トゥ・ワン）マーケティング」です。

One to One マーケティングとは、個々の顧客の特性やニーズに合わせてカスタマイズされたマーケティング活動のことです。一人ひとりの顧客と直接的にコミュニケーションを取り、個別の関心や購買履歴を基にパーソナライズされた商品やサービスを提供します。その目的は、顧客の満足度を高め、長期的な顧客との関係を築くことです。

One to Oneマーケティングの土台となるのはユーザーのデータであり、利用状況、購買履歴、個人情報（年齢、性別など）、アプリ内での行動（クリック、滞在時間など）の収集が欠かせません。

ただし、そうしたデジタルな情報のみでは不十分で、例えば実店舗のある小売店なら、顧客が店舗でどのように行動するかなど、リアルな情報も重要です。なぜならプラットフォーム上のデータだけでは、実店舗でアプリを利用する際にどのタイミングでどういった機能があれば満足度が上がるかといった、リアルとの連携の検討ができないからです。したがって先ほど述べたとおり、ユーザーへのアンケートやインタビューを通じ、声を集めることが大切です。それをもとに各ユーザーのセグメントごとにカスタマージャーニーマップを作成して、データと結合させる必要も出てきます。

そうして多角的に収集した情報に対し、例えば目標達成に至るまでの各プロセスでユーザーがどのように離脱していくかを視覚的に把握して改善点を特定する「ファネル分析」などの手法で分析します。そしてその結果に基づいて、各ユーザーのセグメントに対しパーソナライズされた戦略を策定します。

戦略が固まったら、それをコンテンツやオファーに落とし込み、機能として反映させます。ユーザーの興味や行動に応じてパーソナライズされたプッシュ通知やEメールを送信したり、ログイン時にウェルカムメッセージを表示したり、ユーザーの過去の行動に基づいてアプリ内コンテンツをカスタマイズするなどが、具体的な手法の一例です。

なおOne to Oneマーケティングも、一度行って終わりではありません。ユーザーからのフィードバックを積極的に収集し、そのデータをもとに新たなマーケティングに入るサイクルを継続してはじめて、アプリの成長に貢献します。

運用で求められる人材とは

運用においては、開発とマーケティングの両面からアプローチして、アプリを磨き上げていく必要がありますが、そこで求められるのが適切な体制づくりです。ここでつまずくと、運用もまたうまくいかなくなります。

第3章でも述べましたが、大企業でよくあるのが、マーケティング担当とシステム開発担当のどちらか一方の声が強くなってしまった結果、運用に支障が出るケースです。

例えばマーケティング担当が強いと、たしかにユーザーの声は反映されやすくなりますが、一方で機能や保守性が弱くなりがちです。逆もしかりで、システム開発担当が強ければ、機能面ではしっかりしていても、ユーザーの声がほとんど反映されずに運用が進むこともあります。

また中小企業などでは、運用担当が一人しかつかず、かつアプリ以外のチャネル運営も兼務しているようなケースもあります。それなりの労力と専門スキルがなければ、アプリを持続的に成長させていくのは難しく、リソース不足によって失敗に終わることもあります。

顧客の声を第一としつつ、マーケティング側と開発側の要望をうまく調整し、プロダクトを成功に導くために必要なリソースをしっかりと揃えたうえで運用に入らねばなりません。

運用で求められる具体的な人材は次のとおりです。

- 事業責任者／プロダクトオーナー
- プロダクトマネージャー
- デザイナー
- エンジニア
- サポート担当
- マーケティング担当
- 品質管理
- カスタマーサクセス

など

特にプロダクトマネージャーは重要で、プロダクトの開発から市場投入後のマーケティング、市場からの撤退まで、プロダクトに関する事項全般に決定権を持ち、責任を負うポジションです。

アプリを成功へと導くための、社内コミュニケーション

アプリを効果的に運用し、持続的な成長を実現するには、関連部署との連携が欠かせません。

例えばマーケティング部門では、新規のアプリユーザー獲得がKPIとなり、場合によってはユーザーが初回で商品を購入するので、コンバージョンレートまでをマーケティング部門に任せるケースもあると思います。

店舗では、レジ前でのアプリの新規ダウンロード数やアプリの会員証の提示率などがKPIになり、顧客管理部門ならLTVが大きな目安になります。その他にも、日々のお客様サポート、システム障害の回避など、様々なチームがそれぞれ役割を持って分業しながらアプ

り運用を行っていくのが理想的で、部署を横断したコミュニケーションが求められます。

そこで取りまとめ役となるのが、プロダクトマネージャーです。

また、顧客の声こそプロダクトの価値を高めるための大切な要素であり、それが開発チームにしっかりと伝わる仕組みづくりをする必要があります。スマホアプリならサポート部隊にお客様の声が集まることが多く、それを精査してプロダクト改善につなげていくとともに、フィードバックをくれたお客様に対し何らかのポイントを付与するなどの工夫をしている企業もあります。

こうしてプロダクトフィードバックループを取り入れるにも、複数の関連部署が連携していかねばなりません。

第5章まとめ

STEP 3
回す（運用）

アプリはリリース後もPDCAを回して改善するもの

フレームワークを活用してアプリを持続成長させよう

アプリのパフォーマンスを計測するための
KPI設定はとても重要

デジタル情報とリアルの情報を両方使って
改善サイクルを回す

人材配置と複数部署の連携がアプリ成功のカギを握る

コラム

今や自社を代表するアプリに成長 〝WESTER〟で生み出すグループシナジー

西日本旅客鉄道株式会社の「WESTER」は、お客様一人ひとりとJR西日本グループの多様なサービスをつなぐスマホアプリです。JR西日本以外も含めた目的地までの交通手段検索や、列車の運行情報などに加え、ポイントサービス「WESTERポイント」をはじめとする様々な生活サービスを提供しています。

西日本旅客鉄道株式会社

1987年の国鉄の分割民営化に伴い、本州の西半分と九州北部の2府16県を営業エリアとして発足した鉄道会社です。「人、まち、社会のつながりを進化させ、心を動かす。未来を動かす」をパーパスとし、鉄道事業のほか、流通業、不動産業などを営んでいます。鉄道の安全性向上はもちろん、生活関連サービスのお客様満足度の向上を目指し、DXを積極的に推進しています。

WESTER

動作環境（※書籍刊行時点）
iPhone：iOS 14.0 以上
Android：OS 9.0 以上

インタビュー

西日本旅客鉄道株式会社

デジタルソリューション本部　システムマネジメント部
MaaS基盤　課長　関西MaaS PT

藤原　正道　様

スピード重視の開発を目指し、アプリベンダーをパートナーに

　スマートフォン向けアプリを開発する以前から、当社ではインターネット列車予約サービスをはじめ、様々なデジタルサービスを提供してきました。その数はグループ全体でいうと数十個にもおよびます。様々な部署が独自開発し、単機能に特化したサービスが並走

していました。

それぞれのサービスの質に問題があったわけではありません。ただ、2018年頃からMaaS（Mobility as a Service：複数の交通手段を利用する際の移動ルートを最適化し、予約・運賃の支払いを一括で行えるサービス）がかなりのスピードで世に広がり、デジタル化が進行していました。IT企業がどんどんMaaSに参入する中で、鉄道会社はただ移動手段を提供するだけでいいのかという不安感がありました。

席の予約ができたり、目的地までの路線がわかったりするだけではなく、顧客体験全体をデザインし、お客様の日常をトータルでサポートするような独自のMaaSサービスが必要なのではないか……。社内で議論が交わされるようになり、2019年10月にMaaS施策を強力に推進する組織として、総合企画本部MaaS推進部が立ち上がったことがアプリ開発の大きなきっかけとなりました。

開発にあたっては、単純なMaaSアプリを作るのではなく、JR西日本グループのサービスを連携させ、分かりやすくまとめて提供するのが一つのテーマでした。

組織横断でアプリを作るにあたり、MaaS推進部にはモビリティ、システム、プロモーションなどの専門家が各部門から集い、10人ほどのメンバーでスタートしました。ちなみにその後、MaaS推進部の後継組織としてデジタルソリューション本部が立ち上がり、現在では300人近い大所帯となっています。

アプリの開発に先立ち、パートナーとなるシステム開発会社を探すにあたっては、それまでは大手SIer（エスアイヤー）企業に依頼するのが通例でしたが、あえてアプリベンダーさんにお声がけしました。アプリ開発を専門で手掛け、かつ開発現場に近い方々と一緒に進めるほうが、スピーディにプロジェクトが進むと考えたからです。そこで鉄道系アプリの実績が豊富で、当社のグループ会社との取引もあったアイリッジさんに、コンペティションのお声がけをしました。

今回のアプリは、お客様のデータやニーズに合わせてブラッシュアップを続けていくのを前提で企画していましたから、コンペティションでも課題解決能力や提案力を重視していました。

アイリッジさんからいただいた100ページにもわたる提案書には、当社の課題に対する多角的な提案が記されていました。特にリリース後のプロモーションや、集めたデータをどう活用して改善していくか、当社の強みであるＩＣＯＣＡと連携したアプリの在り方など、アプリを育てるための提案の質がずば抜けていた印象です。結果として満場一致で、アイリッジさんにお願いすることになりました。

「お客様により良い体験を」という共通の思いで、組織連携を実現

アイリッジさんとは、企画段階からホワイトボートを囲んで丁々発止の議論を行いました。当社としては、時刻表、経路検索、運行情報、列車予約といった移動に関わるサービスを極力連携したいと要望しましたが、一方で重要機能以外の部分はあまり固め過ぎず、リリース後にお客様のデータやニーズに合わせてカスタマイズするような余白を残したいとも思っていました。開発においては、スピード重視でまずはリリースし、そこから改善していくべき機能と、決済やセキュリティなど最初から高い品質を求められる機能があり、開発スタイルが分かれます。したがって企画段階から制作サイドとしっかりと議論し、ファーストローンチにおける開発スコープを決めるのが、アプリ開発を成功に導くための一つのポイントだと思います。

なお開発期間中には、新型コロナウィルスが蔓延し、対面での打ち合わせが困難になりました。しかし初期にコンセプトや企画を入念に固めていたのと、アイリッジさんから先進的なリモートツールの使い方を教えていただいたことで、プロジェクトはスムーズに進んでいきました。

メンバー全員がスマホアプリ開発においては素人でしたので、開発中は、当然ながら自分たちではなかなか知見が及ばない部分も出てきます。そのような場合、自分たちで無理矢理考えるのではなく、アプリ開発のスペシャリストであるアイリッジさんの提案を積極的に活用したことで、お客様にとってより良いサービスを効率的に考えることができました。このように新しいサービスを作り上げるときは、自前主義ではなく、外部パートナーも含めた専門家とのコラボレーションをいかに構築するかが大切だと思います。

社内的には、これまでにない組織横断型のアプリということで各部門に協力を要請し、すでにあるデジタルサービスとの連携を進めていきましたが、その承認を得るべく、未だ世にないアプリの必要性や世界観を説明するのが非常に難しいポイントでした。自分たちが作り上げてきたサービスの世界観を壊さないでほしいという各サービス担当者の想いも、もちろん理解できます。疑問や質問も多く出ましたが、結局のところ「お客様により良い体験を提供して、顧客満足度を向上させたい」という思いは共通ですから、その点をしっかりと説明することで協力を取り付けることができました。

結果として開発はかなりスピーディに進みました。MaaS推進部立ち上げ当初のプランでは、サービスの本格リリースは早くても2023年と見ていましたが、2020年9月にファーストローンチにこぎつけました。現在とそう大きくは変わらない性能を備えたアプリを、一年もかからずに形にするという点に、アプリ開発のプロフェッショナルとしてのすごみを感じました。

スピードという点で特に印象深かったのが、アプリに新たな機能を追加したいという要望を出したときのことです。コロナ禍で密回避への意識が高まっていたことから、駅の混雑率を可視化する機能を実装できないかと相談しました。ローンチまで五カ月を切っており、正直、かなり無茶な話だったと思います。断られるのも覚悟の上でした。

しかしアイリッジさんは「できない」とは一言もいわず、「この形ならなんとかなりそうです」と提案をしてくれ、最終的に実装することができました。その前向きな姿勢と柔軟性も、アイリッジさんの大きな魅力だと思います。

リリース後には、アプリストアのナビゲーション部門で一位を獲得するなど好評を得て、多くのお客様に使っていただけるアプリとなりました。ローンチ後も提供するサービスの数はどんどん増え、今では社内外から様々な連携要望が届くようになりました。

4年前はそもそも存在していなかったアプリが、今や当社の会員ポイントサービスの名称（WESTER会員、WESTERポイント）にまでなり、当社を代表するアプリに成長したのは、本当にすごいことであり、アプリ開発の満足度は100％です。

今後もさらなるグループシナジーの創出を目指し、アプリを通じた「便利・おトク・楽しい」体験を、WESTERによって提供し続けていきたいと考えています。

第6章

従業員、顧客、自社——三方よしを目指すのが、DX成功の鍵

マーケティングの新たな形を生んだSNS

ここまでアプリの企画、開発、運用におけるそれぞれのノウハウを中心に解説してきました。これらは主に市場に向けたアプローチでしたが、実はそれだけでは完璧とはいえません。アプリのユーザーとして見過ごされがちな存在、それが「従業員」です。

例えば小売店や飲食店では、現場で顧客と接する従業員がアプリを活用し、よりすばらしいCX（Customer Experience：顧客体験）を提供することを目指すケースがよくあります。その際、いくら顧客のニーズを満たすアプリでも、従業員がそれをうまく使いこなせないと効果は半減します。

また、以前は店舗といえばパートやアルバイトを配置し、マニュアルに基づいた接客を行うオペレーションが一般的でした。しかし現在では店舗スタッフが、勤務するショップやブランドを明示した状態で個人アカウントを開設し、自社の商品に関する情報発信を行うのも珍しくありません。

彼ら彼女らは従業員でありつつ、ブランドのアンバサダー的な位置づけでＳＮＳを運用して高い成果を上げます。

それはすでに新たなマーケティング手法の一つとなっています。一個人である店舗スタッフは、企業より身近な存在です。企業が発信すると宣伝だと感じられてしまうことも、店舗スタッフの言葉として発信すれば、親近感を抱いてもらいやすいのです。また、店舗スタッフが顔や実名を出すことが信頼感や安心感につながり、さらには「ＳＮＳで知った店員さんに会いたい」という来店動機にもつながります。

このような新たな潮流の中で、企業側もただマニュアル接客を行うだけでは不十分となってきていて、従業員に対するデジタル技術の導入や、モチベーション向上の取り組みが求められています。

そしてあらゆるアプリ開発プロジェクトの主要な目的となるＣＳ（Customer Satisfaction：顧客満足度）の向上に関しても、その鍵を握るのはアプリだけではありません。ＥＳ（Employee Satisfaction：従業員満足度）とも密接に関係するものです。例えば目標とするＫＰＩを達成する際に、いかに一人ひとりがモチベーション高く臨むかで、達成時期が変わって

アプリで目指すべきもの

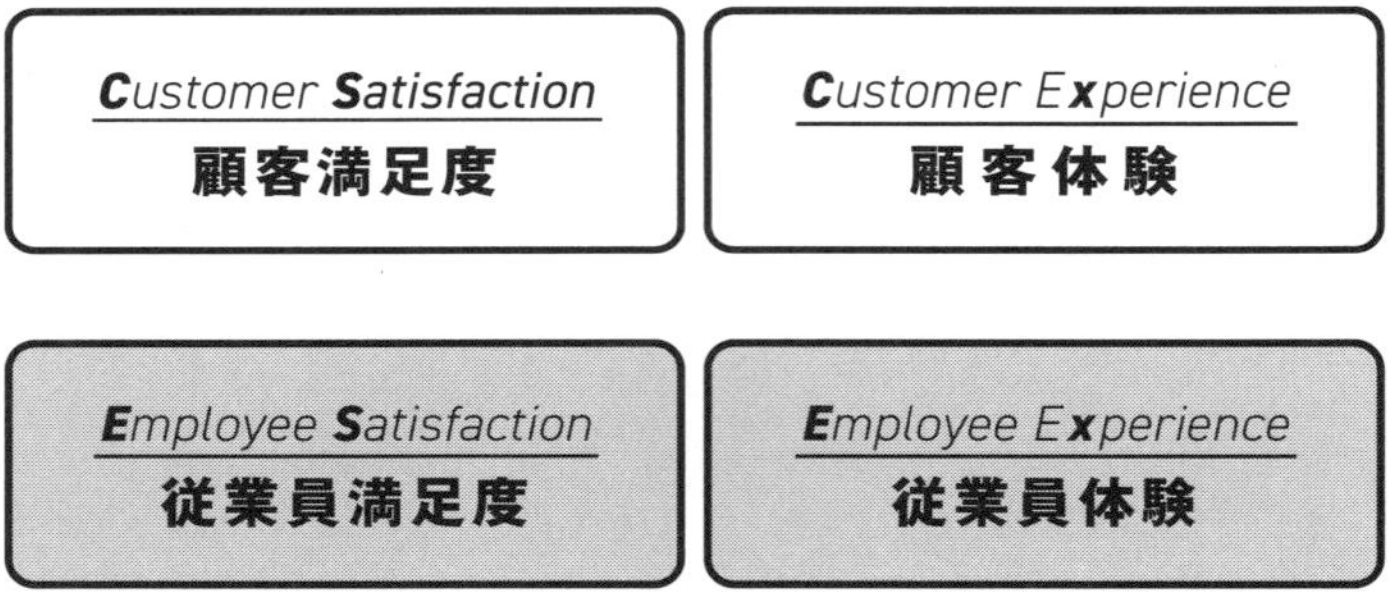

Customer Satisfaction **顧客満足度**	Customer Experience **顧客体験**
Employee Satisfaction **従業員満足度**	Employee Experience **従業員体験**

きます。

　したがってアプリ開発プロジェクトでも、従業員の顧客対応や、モチベーション向上を支援する機能をあらかじめ検討しておくと、より成果が上がりやすくなります。

　本章では、従業員を支援するアプリやシステムを、すでに先行する企業がどのような形で実装し、成果につなげているかという事例を語りつつ、ここまで述べたEX（Employee Experience：従業員体験）の観点から、今後求められるアプリの在り方について考えます。

インターナルマーケティングで、EXを改善

現代では、企業、顧客、従業員の三者の関係性が以前と変化しています。IoT技術の進歩や新たなツールの普及により、情報が広まるスピードがどんどん速まってきたことがその背景にあります。

以前なら、例えば新商品の情報はまず店舗で働く従業員に伝わり、そこから広告などを通じて世に広まるのが一般的でした。しかし現代では、即時性を重視する企業が、様々なメディアやSNSに一次情報を開示し、それが従業員と顧客の双方に同じタイミングで伝わるケースが多くなっています。

そんな中では、従業員と顧客との情報格差が縮まり、時にそのブランドのファンである顧客に情報量で負けてしまうことも起きています。

したがって従業員は、自ら積極的に新たな情報を取りに行かねば、自信を持って顧客の前に立てません。自らの役割を果たすためにも、常に能動的に学ぶ必要があるのですが、果た

してそこまでして企業に尽くすべきか、疑問を感じる従業員も出てくるはずです。

企業側としては、従業員が迷わず企業のために学び、積極的に情報を集めてくれるよう、従業員のエンゲージメントを高めねばなりません。ただ、そのための理念的な教育を行いたくとも、全社的に教育に取り組むリソースやコスト、時間がないというのが現実かもしれません。

それでも従業員に意識変化を起こし、エンゲージメントを高めるためには、EXに着目してその改善を図っていくことが一つの解決策となります。

例えば職場環境や社内コミュニケーションの在り方、業務内容などを見直し、従業員が仕事を通じてより良い体験を得られるように作り替えることが、エンゲージメントの向上へとつながります。従業員の業務負担を低減し、顧客とのコミュニケーションの窓口となるようなアプリの開発も、その一例といえます。

そうした文脈において、近年注目を集めている概念が「インターナルマーケティング」です。

インターナルマーケティングとは、組織内部の従業員を対象としたマーケティング活動の

インターナルマーケティングのイメージ

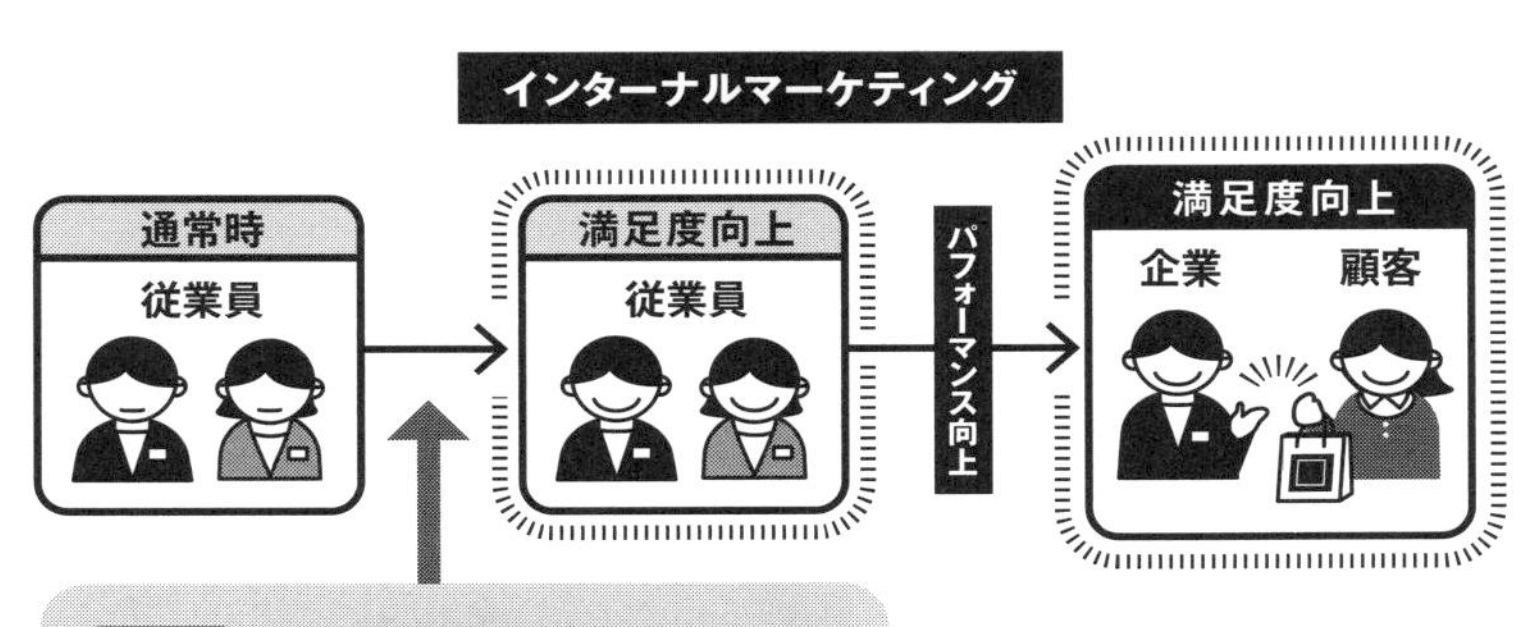

ことです。このコンセプトの背後にある考え方は、従業員が企業の最初の顧客であり、彼らを満足させ、エンゲージメントを高めることが、結果的に外部の顧客満足度と企業のパフォーマンス向上につながるというものです。

インターナルマーケティングの目的は、従業員が組織のビジョン、目標、価値観に深く共感し、内部から自主的にブランドを支持してくれる状態となることにあります。

その要素としては、例えば組織のビジョンを定期的に従業員に伝えたり、従業員が組織の意思決定やイノベーションに積極的に関与する機会を与えたり、優れた業績や貢献を正しく評価して報酬に反映させたりと、さまざまなアプローチが考えられます。

いずれにせよ従業員が組織の重要な役割を担っているという理解のもと、そのエンゲージメントとES（従業員満足）を高めることは、企業としての中長期的な成長には不可欠であるといえるでしょう。そしてこのインターナルマーケティングを実現するうえで、アプリを含めたデジタル技術を活用する大企業が、どんどん増えています。

従業員へのマーケティングが生み出す4つの効果

インターナルマーケティングの効果は、大きく「エンゲージメント向上」「顧客対応の質を向上」「モチベーション向上」「自主的に動ける人材の育成」という4つに大きく分かれます。それぞれアプローチの一例を示します。

【エンゲージメント向上】

従業員のエンゲージメント向上を目指すには、例えば彼らの声を企業の成長と改善の源泉として活用する方法があります。そのための手段として、フィードバック受取機能を備えたアプリの開発が挙げられます。従業員が現場で遭遇する課題や顧客からのフィードバックを本部に簡単に報告できる機能を提供することで、従業員は自分たちの意見や提案が企業によって真剣に検討され、実際の改善につながると実感できます。

また、社内報をアプリ化し、従業員教育や情報伝達のプラットフォームとして活用するのも有効です。企業のビジョンやブランドメッセージに対してより一層の理解を促せるでしょう。

なおこのアプリやシステムの開発過程において、実際に使用する従業員の意見を積極的に取り入れる必要があります。開発初期段階でのインタビューや、実際にアプリを使用した後のフィードバックを収集し続けることが、ユーザビリティの向上と満足度の向上に直結するというのは、市場向けの機能でも従業員向けの機能でも共通する部分です。これにより、従業員は自分たちの声が企業運営に積極的に反映されるという体験ができます。

そしてこのプロセスを通じ、従業員は自らの貢献が企業側にとって価値あるものとなっている実感を抱き、それがエンゲージメントを高める要因となります。

【顧客対応の質を向上】

店舗などの接客サービスの質に直結するのが、顧客情報の管理です。

とある有名ファッションブランドでは、顧客カルテの電子化を実施しました。購入履歴や来店履歴、接客履歴などを店舗やＥＣ、さらには海外含めてＩＤで統合し、一元管理する顧客情報管理システムを構築したのです。

それがどうＥＸを変えたかというと、まず店舗ごとに顧客情報を入力する手間が省けます。どこかで一度でも顧客情報が登録されたなら、そのデータが共有されるからです。

コンピューターがまだ世に広まっていない時代の顧客管理は、会員カードを物理的に発行し、その情報を紙のカルテで保存するしかありませんでした。顧客が来店する度に、いちいち会員カードを片手にバックヤードに行ってカルテを探すようなやり方は当然できず、結果として顧客情報はダイレクトメールを送る際に使う程度にしか活用されませんでした。現在においても、依然として紙カルテで顧客情報を管理しているところでは、やはり顧客情報をなかなか活用できていないはずです。

それを電子カルテ化すると、検索が容易になり、購入履歴はもちろん来店履歴や接客内容、単なる問い合わせの内容なども、全店舗が共有する情報として残せるようになります。そのデータが、顧客一人ひとりに対するパーソナライズされたサービスの提供につながり、顧客対応の質も向上させるのです。

また在庫管理についても、デジタルの力が十分に発揮される領域といえます。

以前の在庫管理は、店舗に一台しかないパソコンを取り合いながら、状況を把握せねばなりませんでした。いちいちバックヤードに入り、パソコンが空いているかを見て、さらに在庫を確認するのは時間も手間も取られ、販売機会のロスにもつながります。

そこで有名ファッションブランドでは、一人一台モバイル端末を持ち、在庫管理アプリを操作すればその場で在庫を見られるシステムを構築しています。それによって従業員は、接客しながら自店舗の在庫が確認でき、さらには他店舗の在庫も調べられ、たとえ品切れでも別の商品を勧められます。結果として接客の質が高まるのは言うまでもありません。

そのほかに、トップセールスのロールプレイングをアプリで共有し、販売スタッフの商品知識や接客スキルの向上に活用しているケースもあります。

流行のデザインや人気の商品は、放っておいても売れていくもので、販売スタッフがもっとも悩むのは、仕入れたけれど予想外に売れないような死に筋商品の扱い方です。どんな商品がどれほど残っているかは店舗ごとに違いますから、自店舗が売りたい商品をどう勧めればいいのか知りたいというニーズは常に存在します。

そこに対する解として、トップセールスが死に筋商品をどのようにアピールし、どう売っていくかのロールプレイングを用意し、共有するのです。実際にこの取り組みをしている大手企業は何社もあり、なかには商品ごとにロールプレイングを作っているところも存在します。

このようなアプローチでも、顧客対応の質を直接的に上げることができます。

【モチベーション向上】

従業員のモチベーションが高まる代表的な瞬間の一つに、自らの接客やサービス提供の結果、顧客が商品を購入したり、高く評価してくれる、ということがあります。

例えば、ショート動画やスナップ写真によって店舗スタッフの接客をECサイトで展開する「STAFF START」というサービスがあります。それを導入した企業では、店舗スタッフが自身の知識やノウハウを基に商品の魅力を投稿し、ECサイトの売り上げに大きく貢献した事例がいくつもあります。そうした実利的な効果に加えて見逃せないのが、店舗スタッフの満足度の向上です。自らの知識やノウハウが成果につながり、可視化され、評価されることで、スタッフのモチベーションは上がり、次の投稿の質をさらに高めていると考えられます。ちなみにSTAFF STARTでは、その機能を使って日本一の販売スタッフを決める「スタッフ・オブ・ザ・イヤー」を開始し、全国の店舗スタッフが目掛けて参加するイベントに成長しています。

また、アパレル系アプリでは、ユーザーからの質問に対し店舗スタッフが答えたり、サイト内の商品をコーディネートしてその写真をアップロードしたりできる仕組みがあります。それに対して「いいね」がついたり、実際の購入に至ったりすればスタッフの評価につながるような形になっています。そのほか、参考にしたスタッフコーディネートのランキングなどもあり、上位の人材はかなりモチベーション高く仕事ができているはずです。

アプリがもたらす従業員への好影響

エンゲージメント向上	顧客対応の質を向上	モチベーション向上	自主的に動ける人材の育成
●従業員目安箱 ●社内報 ●従業員教育 ●ビジョンの共有 など	●顧客カルテ ●在庫情報 ●情報を一元化 ●ロープレ動画 など	●成果の可視化 ●適切な評価／報酬 ●ランキング ●顧客とのコミュニケーション など	●情報を一元化 ●社内問合せ窓口 など

【自主的に動ける人材の育成】

人材育成に関するポイントのひとつが、提供すべき情報を一元化してアプリやプラットフォームで提供することです。

例えば、その都度プリントを配布したり、アクセスすべきサイトが変わったりすると、情報を閲覧・管理するという行為自体の手間が多くなります。通常業務でやることや覚えるべきことが多い人に対し、目の前の業務には必要のない情報にアクセスさせたいなら、少し手の空いたタイミングで簡単にアクセス、閲覧できるようなわかりやすさが重要となります。

また、何か質問をしたいとしても、いちいち電話で本部のマネージャーを捕まえて新商品の情報を聞く、というように手間がかかっては、質問をする気力さえ起きないでしょう。アプリから気軽に本部に質問ができたり、この商品には不良品が多いといった現場からのフィードバックをすぐに送れたりすると、店舗スタッフも能動的に動こうという姿勢になりやすいです。逆にいうと、経営側が投資を行ってそうした環境を用意するというのが、自主的に動ける人材の育成につながります。

「従業員満足（ES）なくして顧客満足（CS）なし」と心に刻む

インターナルマーケティングによってEXにおける課題を見つけ、ITツールを活用して課題を解決し、ESの向上につなげる――。そこで初めて、アプリ運用でも高い成果を上げられる状況が整います。

SPCのイメージ

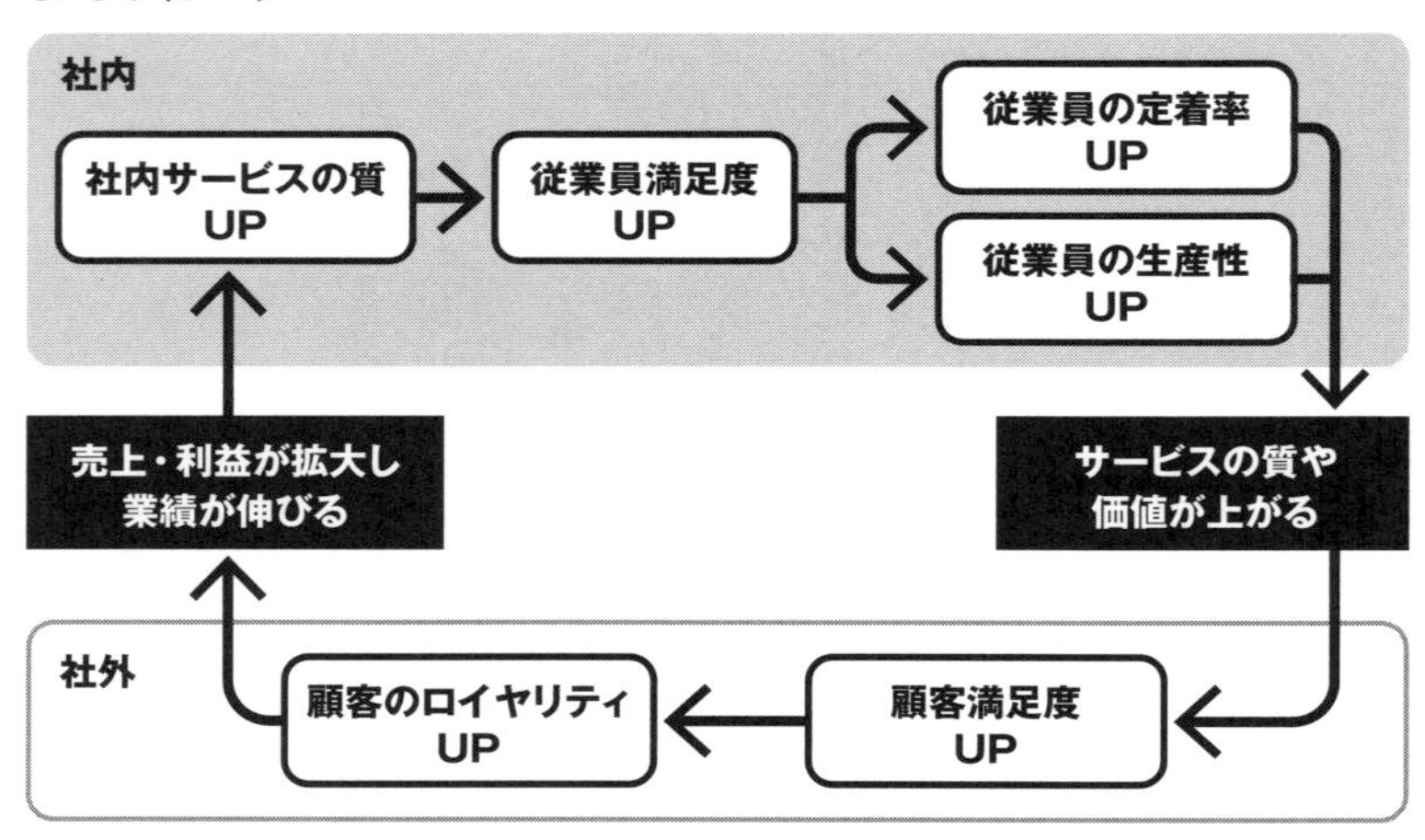

そして実際にESがどんどん向上していくことで、アプリ運用をはじめとしたあらゆる事業で成果が上がりやすくなるのは明らかです。

ESが上がることが事業利益につながる理由は、ハーバード・ビジネススクールのヘスケット教授らが提唱した「SPC（サービス・プロフィット・チェーン）」というモデルで説明できます。

SPCは、サービス業におけるESとCSとの因果関係を示すフレームワークです。

サービス業の特徴は、生産と消費が同時に行われるところにあります。そして店舗をはじめとした顧客接点で働く従業員の存在が、売り上げや利益に大きく影響を与えます。そしてESが高まるほどサービスの水準は上がり、それがCSを高めることにつながるという因果関係があります。さらにはCSの向上によって企業の収益性が高まり、SPCは従業員、顧客、自社の三方よしを実現するためのフレームワークであるとも考えられます。

より具体的にいうと、SPCでは次の7つのステップによってESが最終的な企業利益につながるとしています。

①環境整備などによるESの向上
②高いESにより、従業員のロイヤルティが向上
③高い従業員ロイヤルティにより生産性が向上
④生産性向上によって生まれた余裕で、サービスの品質が向上
⑤高いサービス品質によりCSが向上
⑥高いCSにより顧客ロイヤルティが向上
⑦高い顧客ロイヤルティが、企業の収益性を高める

そしてＳＰＣにおいても、最初の段階であるＥＳの向上のためインターナルマーケティングが重要視されています。

サービス業というと、「お客様は神様」という言葉に代表されるとおり、これまで顧客第一主義を掲げる企業が多くありました。しかし近年では、ＣＳよりまずＥＳを重視して従業員第一主義を標榜する企業がいくつも現れ、成果を出しています。

例えば、全世界に店舗を展開し、24兆円もの売上を上げているコストコは、従業員ファーストで知られる企業です。創業理念に基づき、すべてのビジネスプロセスにおいて従業員の幸福と成長を中心に据えています。健康保険や退職金といった福利厚生面をはじめ、従業員に対する投資を惜しまず行い、ＥＳの向上に尽くしてきた結果、世界有数の小売チェーンへと成長を遂げたといえます。

〝従業員満足（ＥＳ）なくして顧客満足（ＣＳ）なし〟

これはサービス業や小売業だけにとどまらず、数多くの業界で当てはまる言葉です。

アプリの開発や運用、そしてＤＸというくくりにおいて、投資をしてより生産性を高め、

DXのフレームワーク

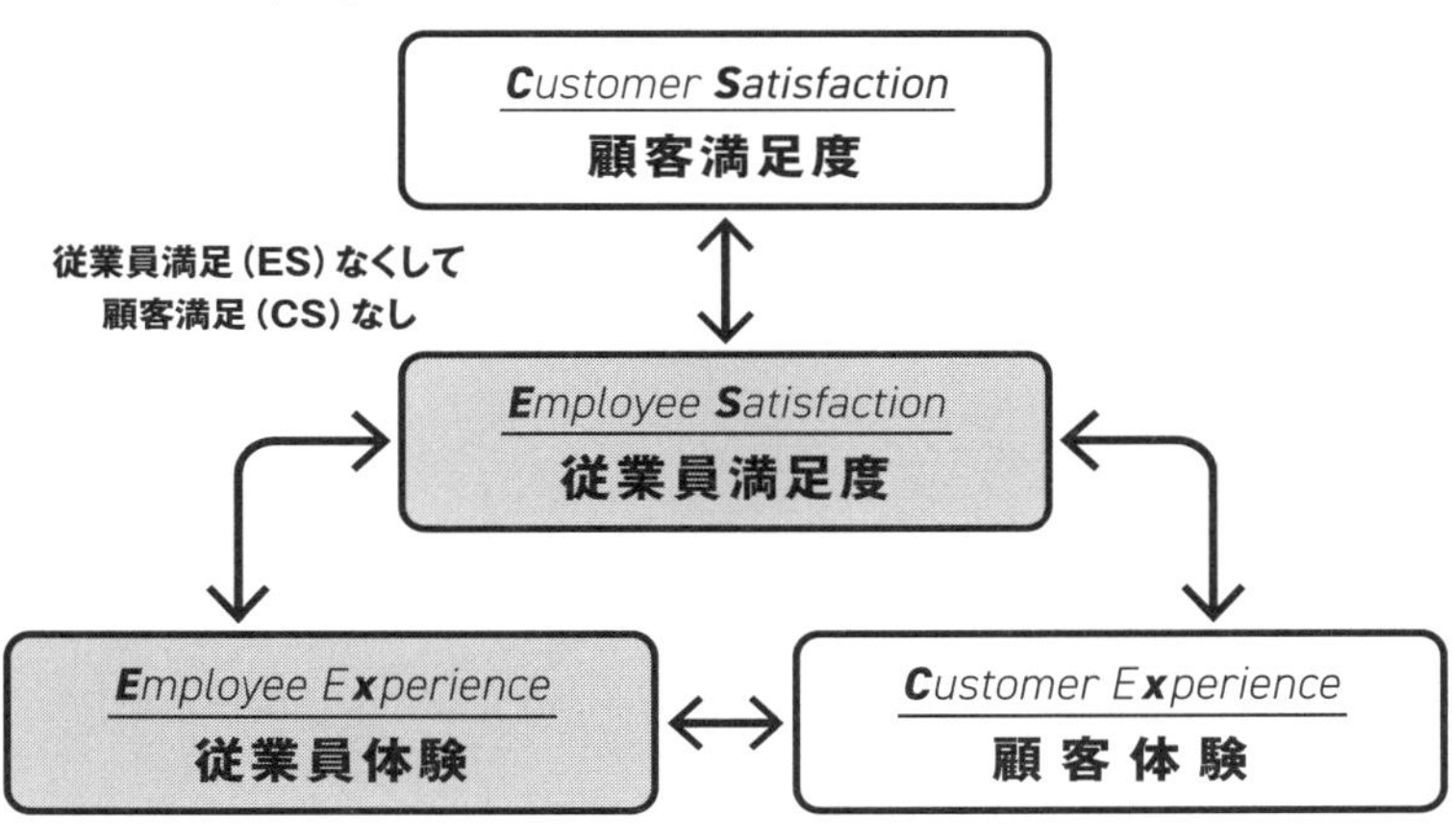

利益につなげようとする経営陣は、たくさんいるでしょう。

しかしそこで、システムやツールの話に終始し、目の前の業務の効率化や利益にばかり目を向けていると、せっかくのDXも中長期的な成長につながらない恐れがあります。

結局のところ、DXの主役はシステムやアプリではなく、それを活用する人々であり、従業員もまた主役のひとりなのです。したがってアプリの開発や運用においても、「従業員満足（ES）なくして顧客満足（CS）なし」という言葉を忘れることなく、常に意識しながらDXを進めていくというのが大切です。

おわりに

アイリッジがスマートフォン向けアプリ開発に本格参入してから、すでに15年が経ちました。

その間にアプリはどんどん進化し、活躍の場は広がるばかりです。

電子決済、本人確認、家の鍵の開錠、行政書類の申請まで、日常生活のあらゆる場面でアプリが活用され、スマホアプリを入り口としてデジタルとリアルがつながっています。

また、生成ＡＩ技術の台頭も、今後人々の生活を大きく変える可能性を秘めています。すでにそのＡＩ技術を活用したアプリがいくつも誕生して、いくつかの業界でゲームチェンジの要因となっています。

ＡＩを使ってプログラミングを支援するサービスもスタートしており、機能すればエンジニアの開発工数を減らすことができます。今後アプリを運用するうえでも、人が調べて検討する必要があった業務を生成ＡＩが手掛けるようになり、アプリ開発や運用の生産性がより高まります。

ＩＴの世界は日進月歩であり、新たな技術がどんどん出てきます。

将来に目を向けるなら、スマートフォンがなくなることは当面の間ないと考えますが、ウェアラブルデバイスがより普及し、身体にＩＣチップを埋め込むなど新たな取り組みも広がっていきそうです。

アプリ開発においても、最新技術に対応しながら進んでいかなければなりませんが、一方でどんな時代になっても変わらない、アプリ開発を成功に導くためのポイントがあります。それが本書で紹介した「考える、作る、回す」という三つのフェーズと、それぞれについての考え方です。

また、アプリによるＣＸ向上の重要性は度々説かれ、開発現場にも浸透していますが、ＥＸについてはまだ十分とはいえません。インターネット上のどんなビジネスでも、人が介在しないものはなく、企業には必ず人材が必要です。その人材の満足度が高まることが、結果としてあらゆる商品やサービスの質を高めることにつながります。

本書にあるようなＥＸの重要性やアプリを活用したＥＸ向上の試みがより広まっていくと、

日本の経済界にとっても大きなプラスになります。

スマホアプリというテクノロジーは、あらゆる企業にとって欠かすことのできない武器になりつつあります。アイリッジは開発ベンダーとして、その企業にフィットする武器の開発はもちろん、使いこなすためのサポートも、引き続き全力を挙げて臨みます。

「テクノロジーを活用して、わたしたちがつくった新しいサービスで、昨日よりも便利な生活を創る。」それがアイリッジのミッションです。私たちは、今後も取引先の企業の皆様とともに、未来に向けて歩んでいきます。

最後に、貴重な時間を割いて取材にご協力いただいた皆様に、心から感謝申し上げます。

本書に記載されている図表について、ご利用されたい方は以下からダウンロードいただけます。

【編著】
株式会社アイリッジ
2008年、iPhone日本上陸とほぼ同時期に創業したアプリ開発会社。代表取締役社長はボストン・コンサルティング・グループ等でモバイル業界を見てきた小田健太郎。店舗への送客を得意とする企業アプリの開発で躍進を遂げ、2015年には東証マザーズ（当時）に上場。国内外で多数の賞を受賞。小売企業や金融機関、鉄道会社など日本を代表する企業のアプリを数多く手掛け、支援実績は業界トップクラス。ユーザーに満足度高く使ってもらえるようなアプリを考える戦略設計力から、最先端の機能の実装を実現する技術力まで、総合力が顧客に高く評価されている。

【アイリッジ制作チーム】
渡辺智也・築原智之・松岡知美・下坂乃奈子

【アイリッジ協力メンバー】
古木敬人・田中輝明・守谷啓介・西井幸子

【取材協力】
コーナン商事株式会社　濱野崇
西日本旅客鉄道株式会社　藤原正道

【アプリアイコン掲載企業】※アイコン掲載順
株式会社ニトリ
株式会社ファミリーマート
ブックオフコーポレーション株式会社
コーナン商事株式会社
西日本旅客鉄道株式会社
コスモ石油マーケティング株式会社
ＥＮＥＯＳ株式会社
農林中央金庫
イオンフィナンシャルサービス株式会社

成功(せいこう)する企業(きぎょう)アプリ

2024年9月20日　初版発行
2024年10月5日　第2刷発行

著　者　株式会社アイリッジ

発行者　小早川幸一郎

発　行　株式会社クロスメディア・パブリッシング
〒151-0051 東京都渋谷区千駄ヶ谷4-20-3 東栄神宮外苑ビル
https://www.cm-publishing.co.jp
◎本の内容に関するお問い合わせ先：TEL(03)5413-3140／FAX(03)5413-3141

発　売　株式会社インプレス
〒101-0051 東京都千代田区神田神保町一丁目105番地
◎乱丁本・落丁本などのお問い合わせ先：FAX(03)6837-5023
service@impress.co.jp
※古書店で購入されたものについてはお取り替えできません

印刷・製本　株式会社シナノ

ISBN978-4-295-41014-0　C2034